JN034051

安全学入門

【第2版】

安全を理解し、確保するための基礎知識と手法

古田一雄・斉藤拓巳・長崎晋也［著］

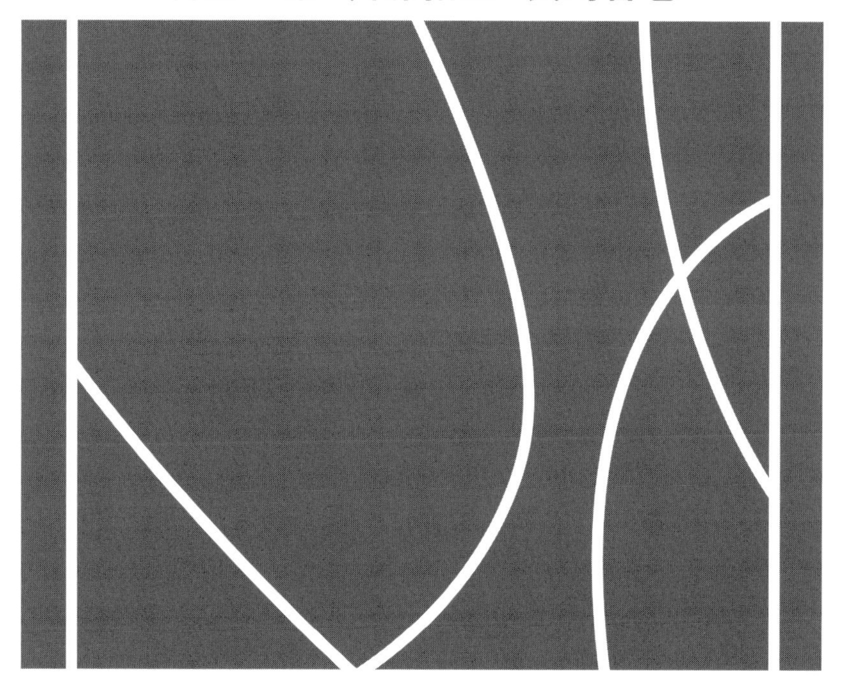

日科技連

まえがき

大学における工学系学部専門教育での講義の教科書として本書を出版してから15年が経過した。この間、東日本大震災とそれに伴う福島原子力災害、熊本地震、新型コロナウイルスによるパンデミックなどを経験し、現代社会がさまざまな脅威にさらされており、安全がいかに重要であるかを人々がさらに認識するようになった。

世界的にも2015年の国連総会で「持続可能な開発目標(SDGs)」が採択され、目標11「持続可能な都市」において安全な都市の実現が唱えられているほか、目標３「保健」、目標６「水・衛生」、目標７「エネルギー」、目標９「インフラ、産業化、イノベーション」、目標13「気候変動」、目標14「海洋資源」、目標15「陸上資源」、目標16「平和」などの達成にも安全の確保は不可分にかかわっている。そもそも初版の前書きでも述べたように、現代の安全をめぐる問題の全体像はあまりにも大きく、人間、社会、環境の側面を巻込んで非常に広い領域に関連しているので、SDGsのすべての目標は安全抜きには達成し得ないといってもよいであろう。

本書は、安全管理に携わる専門家や組織の決定に責任を有するリーダーが、こうした広範囲にわたる安全問題の全体像を把握するための入門書として執筆したものであり、その基本的考え方は15年経っても大きくは変わっていない。ただ、初版で用いた事例や文献には時代遅れのものが見られるようになり、また初版ではやや構成上改善した方がよい点もあったので、このたびそれらの点を改めて改定版を出す運びとなった。同時に、さらにコンパクトにするために、産業分野によって具体的状況が異なる安全規制に関する章や、付録など一部を割愛した。

最後に初版の注意書きを繰り返すと、限られた頁数で非常に広範な安全学の全領域の詳細を網羅することは不可能であり、著者が重要と思った項目の基本概念だけを解説するに止めざるをえなかった。また、大学での講義の教科書に使うことを前提としているが、企業や行政機関などの安全管理担当者や決定責任者の独習用にも役立つように配慮したつもりである。ただし、実務の手引きにできるほど詳細には触れていないので、さらに詳細な知識が必要な場合には参考文献にあたっていただきたい。また、特に東日本大震災の後で関心を集めるようになったレジリエンスの概念は本書で扱う安全の範囲を超える話題なので、レジリエンスについて知りたい読者はさらにそれを扱った専門書にあたってほしい。

本書の第1章は導入であり、安全学の定義と安全学で扱われる重要概念を紹介し、第2章ではリスクの表現法と安全管理の基本になる安全目標について述べた。第3章から第5章は、産業現場や科学技術システムにおける安全管理の基本的方法について論じた章である。第6章から第8章では、有害物質にかかわる環境安全の問題を解説した。第9章では安全の人間に関する問題であるヒューマンファクターを、第10章ではリスクマネジメントにおける重要項目を解説した。第11章は安全の社会的側面であるリスクコミュニケーションの問題をとりあげた。なお、執筆は第6章を斉藤が、第7～8章は斉藤・長﨑、それ以外を古田が担当した。

本書が少しでも安全に関心を持つ諸兄のお役に立てば幸いである。

2023年2月

古田一雄

安全学入門【第2版】
安全を理解し、確保するための基礎知識と手法

目　次

第10章　リスクマネジメント………145

装丁・本文デザイン＝さおとめの事務所

第 1 章

安全の基本概念

1.1　安全学とは

われわれの暮らす現代社会は、自然災害、設備災害(事故)、労働災害、健康リスク、環境破壊、経済リスク、情報リスク、社会リスクなど、さまざまな危険に取り巻かれている。われわれはこれらを日常的に意識しないことが多いが、これらの危険が顕在化し、人や社会に深刻な損害を与えることも珍しくはない。

安全(safety)とは、これらのさまざまな危険から免れている安らかな状態のことをいう。一方、英語の“safe”は“solid”や“soldier”などとともにラテン語の“solidus”を語源とするが、“solidus”は無傷で健康な身体状態を意味する。したがって、英語の“safe”とは損害のない健全な状態を意味する。技術的に安全は、「人への危害または資材の破損の危険性が、許容可能な水準に抑えられている状態(JIS Z 8115)」と定義される。

安全学(safety studies)は、安全の原理やこれを達成するための方法論を構築し、安全に関する決定に提言を行うことを目的とする学術分野である。科学哲学者の村上は、安全概念が人の価値観に依存し、価値中立であるべき科学が扱う範囲を超えていると考えた。それゆえ、安全に関する目的論的選択、提言の学問として安全学を提唱したのである[1]。この村上の考え方にならい本書では、安全の技術的側面のみならず社会的側面をも包括的に扱う学術分野として、「安全学」を用いることにする。

身の回りの日用品、道具、工業製品、建造物など、人によって作られた実体をともなう対象を人工物と呼ぶことにする。従来から、工学諸分野では安全な人工物を設計、製造することが実践的に行われてきた。これらの実践を管理するためのノウハウを統合し、安全な人工物を実現するための一般的方法論に関する分野として安全工学が成立した。この安全工学では、高信頼性システムを実現するための信頼性工学、故障の発生原理を解明して防止するための故障物理、人工物の寿命予測、確率論的安全評価などの技術が発展した。

しかし安全を達成するためには、人工物だけを対象とするのではなく、それを利用する人のことも考慮しなければならないことは明らかである。どんなに信頼性の高い丈夫な人工物を作っても、それを利用する人が操作を誤ったり違反を犯したりしたのでは、安全が達成できない。そこで安全学では、人の特性に合った人工物を設計するための人間工学や、人間行動の信頼性評価など、人に関する因子を扱う必要がある。

安全にかかわる個人や集団の行動は社会的背景によって左右される。したがって、社会的因子も検討されなければならない。また、安全規制や災害時の危機対応など、安全確保には個人や集団のレベルを超えた社会的取組みが必要になることが多い。安全のための社会制度設計なども安全学の対象になる。安全にかかわる社会的決定をいかに行うべきか、も難しい問題になりつつある。

さらに、現代では環境に対する配慮が安全を考えるうえで重要である。さまざまな危険から護るべき対象として人の生命、財産とならんで環境が注目を集めている。環境に配慮した人工物のライフサイクル設計、環境影響評価、環境シミュレーション、マクロエンジニアリングなどの分野は環境を通して安全に関係する。

以上のように、安全学は人工物、人間、社会、環境を主な対象とし、いくつ

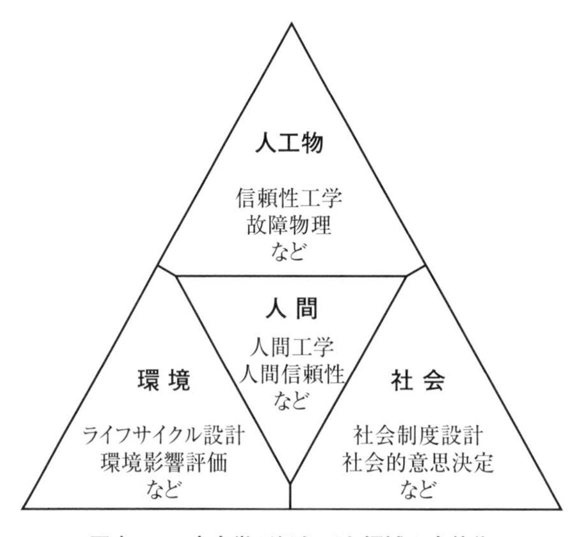

図表1.1　安全学が扱うべき領域の全体像

もの分野にまたがっている。さらにそれらの境界領域を含む非常に多様な学術分野である。安全学が扱うべき領域の全体像を**図表 1.1** に示す。

ところで、安全と対比してその社会的側面を問題にする際に日本では安心という概念がよく用いられる[2]。安心は安全に関する主観的感情であり、安全が確保され自分自身に人的、経済的損害が発生しないと見込まれる心理状態をいう。人々が客観的にも主観的にも危険がないことを納得した場合に安心が得られる。しかし、安全な状態と人々が安心している状態とは必ずしも一致しないので、注意が必要である。安全でないにもかかわらず人々が安心している状態は、正しい情報を知らない状況であって非常に問題である。安全であることは、安心を得るための大前提でなければならない。逆に、風評被害の発生などに見られたように、科学的には安全であるにもかかわらず社会的に安心が得られないことも珍しくない。この場合には社会的決定を困難にすることがある。安全と安心を一致させるためにはリスクコミュニケーション(risk communication)が重要であるが、これについては**第 11 章**で扱う。

1.2　ハザードとリスク

1.2.1　ハザードとは

安全が問題にされるのは、世の中に危険な存在があるからである。安全学では危険な存在をハザード(hazard)と呼ぶ。より厳密には、「人や人が価値をおく対象に対して損害その他の望ましからざる結果を及ぼす可能性のある実体、行為、現象」とハザードを定義する[3]。

人が価値をおく対象といった場合、何に価値を認めるかは人の価値観に依存する。人の生命と健康はおそらく万人が価値を認める対象である。安全を議論する際には、人の生命、健康を暗黙の対象とすることが多い。しかし、人の生命、健康以外にも人が価値を認める対象は多様にある。人の生命、健康が損なわれなければ、それですべてよいとは限らない。経済的利益は、比較的よく考慮の対象になる価値である。これ以外にも、文化、地域社会、理念、信条などの抽象的価値対象がある。ときには個人の生命よりも、それが崇高だとされることさえある。また、最近では地球環境や生物多様性などに価値を認める動きが顕著である。

このように、安全学は人の多様な価値観に立脚しており、時代とともに変化するので、その社会的調整は科学的な議論だけでは解決できない。

ハザードとしては、まず物質などの形ある実体があげられる。具体的には、毒性のある薬品や化学物質、放射性物質などが最も理解しやすい。爆発事故の原因となる爆発物や高圧ガス、火事の原因となる火気や可燃物などもハザードである。交通事故を起こす自動車、溺死事故につながる水、猛獣や細菌などの生物も危険である。犯罪や環境破壊を起こす人そのものも危険な存在であるといえる。

実体はないものの、人の行為もハザードである。戦争は人が行う最も危険な行為であろう。道路を横断したり航空機に搭乗したりすることによって、事故に遭うこともある。ジョギングは、スキューバダイビングほどではないにしろ危険なスポーツである。入浴中や睡眠中に亡くなる人がいることを考えれば、これらの日常的な行為もハザードである。

さらに、世の中で起こるさまざまな自然現象、社会現象もハザードである。地震、台風などの気象現象、燃焼、爆発、破損などの物理現象、発病などの生命現象、景気変動などの社会現象は、これらすべてが社会に損害を与える可能性をもつハザードである。

以上のように見ると、およそこの世界にはハザードでない存在はない。一見、安全に見える存在であっても、考えようと思えば、それによって人や社会に損害を及ぼすことは可能である。例えば食塩には毒性がないが、摂りすぎれば成人病になって寿命を縮める。このように、この世界にハザードでない存在がないとするならば、本質的に危険なものとそうでないものとに分類して、前者を排除しようという考え方は意味をなさない。それでは全存在を排除しなければならなくなり、生活が成り立たなくなるからである。

1.2.2　リスクとは

世界がハザードに満ちているにもかかわらず、われわれはその損害を常に被っているわけではない。安全に暮らしているのは、通常では損害が潜在的なものにとどまっており、顕在化していないからである。したがって、安全学ではハザードの存在そのものだけではなく、損害が顕在化する条件について議論しなければならない。

そこで導入されたのが、リスク(risk)という概念である。リスクとは、人や人が価値をおく対象に対して危害を及ぼす物、力、情況などを特徴づける概念である。その大きさは損害の発生確率と重大性によって表現される[3]。リスクは、ハザードが抱える潜在的な危険の大きさを表す尺度である。また、リスクは、ハザードを特徴づける属性の1つである。属性とはモノの形、色、質量などのように、その存在を他の存在と区別するのに有用な、その存在固有の特徴のことである。リスクによってハザードは特徴づけられ、また、安全は「許容不可能なリスクがないこと。(ISO 12100)」と定義することができる。

ところで、リスクは分野によって異なる意味で用いられるので、注意が必要である。経済の分野では、損失を生じる可能性、確率の意味でリスクが用いられている。ただし、リスクが存在するからこそ経済活動によって利益が得られるので、「リスクをとる」というようなチャンスと同義の肯定的な意味で使われることも多い。人文社会の分野では、事故や災害といった、個人の生命や健康に対して危害を生じさせる根源事象と考え、ハザードとほとんど同じ意味で用いられる。工学では、「不安全事象の発生確率とそれによって生じる損害の重大性との組合せ」と定義され、多くの場合には両者の積である期待値が用いられる。安全学においては、この工学の技術的リスクの概念を踏襲する。

安全は将来発生するかもしれない損害について考える。したがって、不確かさの制約から逃れられない。そして、不確かな状況で意思決定を合理的に行うためには、何らかの割切りと定量的指標が不可欠である。工学のリスク概念は、リスクの多様な側面を無視しているという理由でしばしば批判を浴びる。しかし、専門家が安全に関する決定をできるだけ合理的に一貫性をもって行う目的に使う限りでは、工学のリスク概念は十分に有効である。ただし、すでに触れたように、何をもって損害と考えるかは人の価値観に依存し、社会的合意が必要であることに配慮すべきである。

1.3 安全バリア

1.3.1 顕在化プロセスと安全バリア

潜在的危険が顕在化して現実に損害が発生するためには、何らかの出来事が起きて、人が価値をおく対象がハザードにさらされる必要がある。このような出来事は単独の場合もあるが、損害が発生するまでには複数の一連の出来事が特定の順序で起きる必要があることが多い。このような、危険が顕在化して損害が発生する一連の出来事は顕在化プロセスと呼ばれる。また、顕在化プロセ

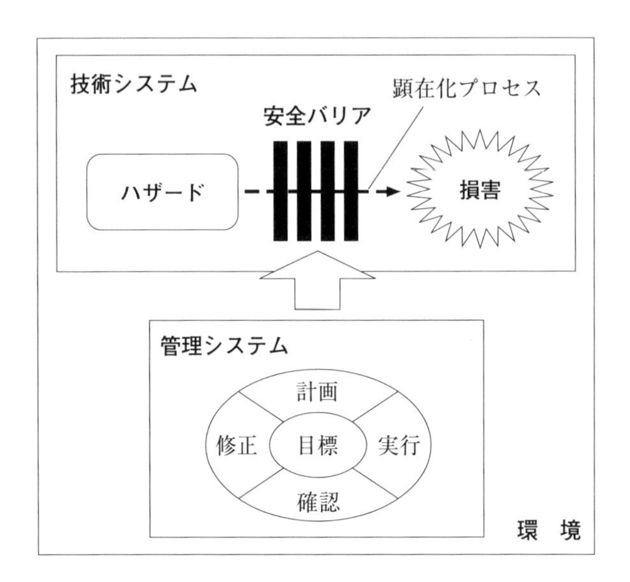

図表 1.2　安全バリア、技術システム、管理システムの概念

スによって人が価値をおく対象がハザードにさらされることを曝露と呼ぶ。

安全を達成するためには、顕在化プロセスの発生を阻止、阻害するための何らかのしくみを設け、顕在化プロセスが発生しないようにすればよい。そのようなしくみを安全防護障壁、あるいは安全バリア(safety barrier)と呼ぶ。安全バリアを設けて顕在化プロセスの発生を防止することが、安全を達成するための基本原理である。安全バリアとその関連概念を**図表 1.2** に示す。

1.3.2　4種類の安全バリア

機能を発揮する原理の本質的違いから、安全バリアは物理的バリア、機能的バリア、記号的バリア、概念的バリアの4つに分類される[4]。また、物理的バリアと機能的バリアをハードバリア、記号的バリアと概念的バリアをソフトバリアと呼ぶ。

物理的バリアとは、安全を脅かす事象や行為が起きるのを物理的に阻害するもので、建物、フェンス、容器、防火壁、ガードレールなどがこれにあたる。これらの安全バリアはその存在そのものがバリアであり、運悪く所期の目的を達成できないような状況においても、顕在化プロセスの発生、進展を遅らせる効果が期待できる。物理的バリアが機能を発揮するために、人に認識、解釈される必要はない。

機能的バリアとは、顕在化プロセスが起きる条件に能動的に介入するものである。ブレーキ、スプリンクラー、安全保護装置、パスワード照合などがこれにあたる。機能的バリアが目的を達成するためには、必ずしもその働きを人が認識、解釈する必要はなく、機械によって自動的な対応が行われるようになっていれば十分である。ただし、計算機にログインするときのパスワード入力のように、人に必要な行動を要求する場合がある。

記号的バリアとは、標識、警告、警報、信号機など、その意味を人に認識、解釈させることによって安全にとって望ましくない行為を抑止し、あるいは望ましい行為を誘導するものである。例えば、ガードレールは物理的バリアであるとともに、ドライバーに道路の境界がどこにあるのか知らせることによって運転をガイドする記号的バリアでもある。しかし、記号的バリアは見落とされたり無視されたりすることもあるので、これ単独では安全を達成する効果に限界がある。

概念的バリアは、法律、規則、マニュアル、教育訓練のように、概念的内容によって望ましくない行為の抑止と望ましい行為の誘導を行うものである。

記号的バリアは人の視覚や聴覚に訴える表示や音などの実体表現をもち、表現の物理的提示そのものが必要である。それに対して、概念的バリアは手順書のような実体表現をともなう場合であっても、表現そのものではなく、その概念的内容に安全バリアとしての意味がある。多くの場合、概念的バリアは社会組織的なものである。

1.4　管理システム

各安全バリアが有効に機能するためには、単に安全バリアが存在するだけではなく、ある前提条件が満足されていなければならない。物理的バリアは正しく設計、施工され、さらに多くの場合には定期的な点検、保守が行われていなければ、いざというときに役立たない。

例えば、家の周りにフェンスを張り巡らせても、破れたまま放置していたのでは防犯に役立たない。ここで、正しい設計、施工や定期的点検、保守を担保するのは概念的バリアである。同様のことは機能的バリア、記号的バリアについてもいえる。さらに記号的バリアは人に認識、解釈されて初めて機能を発揮するので、関係者が正しく解釈できるように教育されていることが前提となる。これは概念的バリアの役割である。

一般的に安全バリアを設置したり、正常に働くように維持管理したりするのは人の活動である。そこで、安全バリアを含む実体のある技術システムだけでなく、安全バリアの実装と維持管理のための人間活動を確実にする管理システムが重要になってくる。

管理システムは、まずある目標を設定したうえで、これを実現するための活動を計画し(Plan)、実行し(Do)、その結果を確認して(Check)、必要があれば計画を修正する(Act)という、PDCA サイクル(PDCA cycle)を繰り返すことによって確立される。安全に絶対はなく、人の知識も完全ではない。また、システムをとりまく環境は刻々と変化する可能性がある。現代では技術の進歩も速い。このような状況を考慮すれば、このような絶えず見直しを行うという努力の継続によってのみ、安全は達成できるといって過言ではない。**図表 1.2** には、以上のような管理システムの役割も示している。

1.5　深層防護

潜在的危険が大きいシステムにおいては、複数の安全バリアを設けることによって確実に顕在化プロセスを防止する手法がとられる。システムの安全設計におけるこのような原則を、深層防護と呼ぶ。設けるべきバリアの数は、達成すべき安全の水準、リスクの大きさ、個々の安全バリアの信頼性を考慮して、合理的に決めるべきである。しかし多くの場合には、以下の3層で考える。システムが正常な状態から逸脱することを抑止して異常状態の発生を未然に防止する発生防止、異常状態が起きたとしてもそれがシステム全体に波及、伝播して事故にならないようにする拡大抑制、万が一事故になってしまった場合にも周囲への悪影響を最小限にとどめるようにする影響緩和の3層である。

火災を例にとると、まず発生防止策としては不要な可燃物を片づけ、火の取扱いや後始末などの管理を厳格に行う。もちろん、できるだけ出火を防止することに努めなければならない。

このような発生防止対策にもかかわらず、何らかの原因によって出火した場合に備えて、拡大抑制策が講じられる。例えば、火災報知器を設置して出火をできるだけすみやかに検知する。あるいは、スプリンクラーや携帯式消火器で小火のうちに初期消火することを考える。また、火災警報の発報時にとるべき措置をマニュアル化し、消火訓練などによって確実に初期消火ができるようにしておく。

さらに不幸にして初期消火に失敗し、火災になってしまった場合に備えて消防設備を整備する。消防団を組織して訓練を行い、組織的な消火、救急活動が行えるように準備する。また、消防署への緊急通報のための通信回線を用意し、通報手順を決めておく。これが、影響緩和策である。

ところで、例えば発生防止策が万全ならば異常は発生しない。すると、拡大抑制策や影響緩和策は無用となる。また、拡大抑制策が万全ならば影響緩和策が有効になるような事態は発生しない。こう考えていくと、少なくとも1層のバリアに万全を期せば、他のバリアが不完全でも災害は防止できるはずである。さらに複数のバリアは不要とも考えられる。しかし、深層防護においてはこうした考え方を採らない。

深層防護の核心はバリアを複数設けることではなく、考慮したバリアの効果を無条件に否定して考える前段否定の思想にある。前段否定が必要な理由は、いかにあるバリアの信頼性が高くとも100%完璧ということはあり得ないためである。

深層防護は、定量的なリスク論で安全を考える手法が開発される以前に、バリアの不完全さに対処するために考え出された原則である。すなわち、確率論ではなく決定論的に考えて、発生確率の大小とは無関係にバリアの機能が無条件に喪失するという極端な想定をおき、複数のバリアを用意しておくことを要求している。このように、各バリアに対して万全の努力を払い、なおかつそのバリアの機能を否定して、バリアを複数設けることによって高い安全性を達成するのが深層防護である。

深層防護は、高度な安全が要求される原子力や航空宇宙の分野で確立された原則であるが、安全への要求水準が高い他の分野にも一般的に適用可能である。また、先の火災の例からわかるように、多くの分野で経験的に用いられている。

第2章

リスク表現と安全目標

2.1　リスク表現

安全学においてリスクは損害の発生確率とその重大性の組合せとして定義される。しかし、リスクの定義にはまだ多くの自由度があるので、利用目的に応じてより具体的なリスクを定義し、さらに適切な表現を選択する必要がある。そもそも、価値対象は人の価値観に左右される。その価値対象によって何を損害と考えるかが決まることは**第1章**で触れた。そして、リスクの定義は損害の定義にもとづく。しかし、ここでは価値対象を人の生命に限って考える場合でも、リスク表現にはなお多くの選択の余地があることを説明する。

人の生命の損失に対するリスクを考える場合に、最も頻繁に用いられる指標は年間死亡率である。これは、ある原因によって1年間にもたらされる死者の期待数、あるいは不特定の個人が年間に死亡する確率である。これに対して、生涯死亡率あるいは死因別死亡割合とは、個人が特定の原因で生涯に亡くなる確率である。生涯死亡率を全死因について合計すると、当然1になる。

図表2.1に、日本における死因別の年間死亡率を示す。死亡割合は、特定の死因がある期間中の全死亡に占める割合である。これによると、日本では90%以上の人が病気で亡くなり、中でもがん、心疾患、老衰の割合が大きい。また、事故死は3%弱でそのリスクは3×10^{-4}/年程度であり、事故の中では自動車事故よりも転倒・転落が多い。

死亡率を計算する際に、年間死亡率では1年間、生涯死亡率では個人の寿命という期間で考えるが、分母に時間以外の基準をとることもできる。特定行為のリスクを考える場合に、行為あたり死亡率は行為1回あたりにもたらされる死亡の期待値でリスクを表す。例えば、交通手段の利用1回あたり、航空機が0.002%の死亡であるのに対して自動車では0.2%の死亡である。よく航空機は公衆が恐れているよりも安全であるといわれるが、航空機は自動車よりも100倍安全であるといえる。

図表 2.1　日本における主な死因と年間死亡率

死　因	死亡率(1/年)	死亡割合(%)
疾病合計	1.0×10^{-2}	92.9
がん	3.1×10^{-3}	27.6
心疾患	1.7×10^{-3}	15.0
老衰	1.1×10^{-3}	9.6
脳血管疾患	8.4×10^{-4}	7.5
肺炎	6.4×10^{-4}	5.7
事故合計	3.1×10^{-4}	2.8
転倒・転落	7.8×10^{-5}	0.7
交通事故	3.0×10^{-5}	0.3
自　殺	1.6×10^{-4}	1.5
他　殺	2.0×10^{-6}	0.02
全死亡	1.1×10^{-2}	100

出典：人口動態統計(厚生労働省)、2020[1] をもとに作成

リスクを負うことによって何らかの便益を得る場合には、得られる便益あたりにもたらされる死亡の期待値でリスクを表す。例えば、交通手段に対しては利用1回あたりではなく，得られる便益である移動距離あたりの死亡率で考えることもできる。また、ある物資の生産方式を議論する場合には生産量あたりの死亡率が用いられる。例えば、発電によるリスクを考える場合には発電量あたりの死亡率が用いられる。

航空機は利用1回あたりの移動距離が自動車よりも大きいために、移動距離あたりの死亡率で比較すると、行為あたり死亡率よりも両者の差はさらにひらく。このように、同じ死亡率でもどのような基準で比較するかによって結果が異なるので、注意が必要である。

死亡率とならんで、さまざまなリスクを比較するためによく用いられる指標に損失余命(Loss of Life Expectancy：LLE)がある。損失余命は、ある原因によって個人の寿命がどれだけ短縮するかによってリスクを表すものである。損失余命は実際の寿命短縮を意味するのではなく、ハザードに曝露された人の死亡率の上昇をその人の平均余命で補正したものである。**図表 2.2** にさまざまなリスクを損失余命で比較した例を示す。

ところで、死亡率でリスクを表すと死にいたらない回復不可能な傷病や後遺

図表 2.2 損失余命(日)による各種リスクの比較(米国)

男性であること(女性に対して)	2,800	ピーナツバター(毎日スプーン 1 杯)	1.1
喫煙(男性)	2,300	航空機墜落事故	1
独身	2,000	**主な発電方法の比較**	
がん	980	省エネのやり過ぎ	47
あらゆる事故	400	石炭火力	30
自動車事故	180	石油火力	4
殺人	90	天然ガス	2.5
大気汚染	80	原子力(反対派の試算)	1.5
住宅内のラドンによる被ばく	35	太陽光	1
コーヒー(毎日 2.5 杯)	26	原子力(政府の試算)	0.04

出典:B.L. コーエン、1994[2] をもとに作成

障害が損害と見なされなくなってしまう。そこで、健康被害によって苦痛や不便を感じて生活の質(Quality Of Life:QOL)が低下した場合、損失余命の計算でその期間だけ QOL の低下の程度に応じて寿命を割り引いて計算することが考えられる。例えば、重い障害を負って生活した期間は健康な期間に比べて半分の価値しかないと考えるならば、その期間の 0.5 倍を損失余命とする。こうすることにより、人の生命、健康に対するリスクを統一的な指標で比較できるようになる。

2.2 リスクプロフィール

リスクには、特定の個人が負担する個人的リスクに加えて、社会が集合的に負担する社会的リスクの考え方がある[3]。社会的リスクを考える場合には、発生確率は小さくても損害の極端に大きな事象が問題とされる。例えば、同時に多数の死者を出すような大事故が起きると、その悲劇性から社会に与える心理的インパクトが大きいばかりでなく、家族、組織、地域社会などの崩壊により社会に多大な損失を与え、回復に必要なコストも膨大になる。したがって、損害の期待値は個人的リスクの表現には適しているが、社会的リスクの観点からは発生確率は小さくても損害の甚大な事象を重視すべきである。

社会的リスクの観点から、リスクを損害の期待値という単一の数値に集約し

てしまわずに、損害の発生確率と重大性との関係を細かく見なければならない場合がある。損害の重大性に対する発生確率の関係を、リスクプロフィール(risk profile)と呼ぶ。

リスクプロフィールの表現法として、損害を種類や規模によっていくつかのカテゴリに分類し、カテゴリごとに発生確率を与える方法がある。損害規模に関しては、境界値を決めて区間ごとに発生確率を集計する。損害カテゴリごとの発生確率を棒グラフなどで表したものを、リスクのヒストグラム(risk histogram)と呼ぶ。

規模が異なる単一の種類の損害だけを考える場合に、リスクプロフィールは損害規模 C を確率変数とする確率密度関数 $f(C)$ で表される。ここで、$f(C)dC$ は損害規模が C ～ $C+dC$ の範囲になるような事象の発生確率である。確率密度関数 $f(C)$ から、損害の期待値 E は次のように計算される。

$$E=\int_0^\infty f(C)\,CdC \tag{2.1}$$

リスクプロフィールを表す方法として、確率密度関数ではなく余累積分布関数(Complementary Cumulative Distribution Function：CCDF)を用いることもある。CCDF は以下のように定義され、$F(x)$ は損害規模が x を超える事象

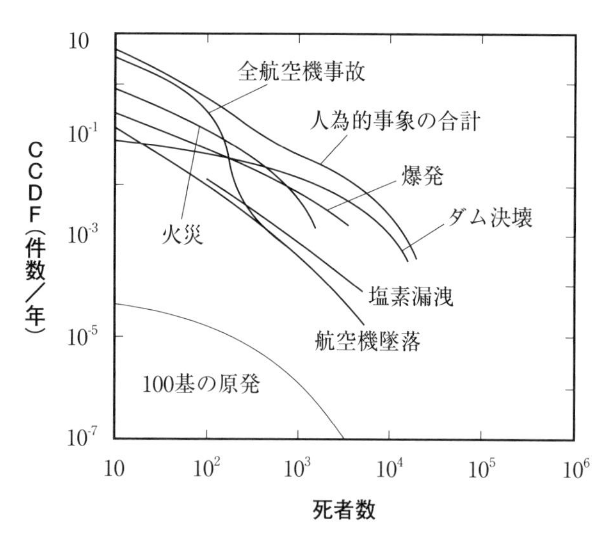

出典：U.S. Nuclear Regulatory Commission, 1975[4]

図表 2.3　人為的事象の社会的リスク

の発生確率である。

$$F(x) = \int_{x}^{\infty} f(C)\,dC \tag{2.2}$$

定義よりCCDFは損害規模に関する単調減少関数となり、損害規模がx_1～x_2の範囲に入る事象の発生確率は$F(x_1) - F(x_2)$と計算される。**図表2.3**に、人為的事象の社会的リスクを死者数に関するCCDFで表した例を示す[4]。

2.3　安全目標

システムの安全設計や安全を確保するための活動を行うにあたって、その達成水準についての管理目標を定めておくとなにかと都合がよい。そのような管理目標が安全目標である。

安全目標を定めることの意義は大きく3点ある。

まず、安全目標を定めることによって、専門家がリスクマネジメントの業務を合理的に行えるようになる点である。すなわち、安全目標と現在の達成水準を比較することによって、リスクマネジメントに十分な努力が払われているのかどうか、安全目標を達成するにはさらにどこを改善すればよいのか、改善努力には効果があったのかといった判断が、一貫性をもって明確に行えるようになる。

次に、専門家がリスクマネジメントを適正に行っているかどうかを、市民が監視できるようになることである。安全の問題を理解するためにはかなりの専門知識を要する。そのため、専門家ではない市民が問題の内容について詳しく理解することは困難である。しかし、安全目標とその達成状況を市民に公開するならば、比較的容易に専門家のリスクマネジメント業務の概要をあいまいさなく把握できる。これは専門家に対する市民の信頼感の醸成に役立つ。さらにはリスクマネジメントに十分な努力が払われていると市民が認識することによって安心感の醸成に寄与する。

3つめは、安全目標を基準に考えることによって、安全水準の改善効果が投資に見合ったものであるかどうかが明らかになる点である。安全目標の達成に貢献しない努力、安全目標の水準を超えた過剰な努力は社会的資源の損失につながる。社会的資源に限りがある以上、無駄な投資はできるだけ避けなければならない。安全目標によって、「安全にどれだけ投資することが社会的に妥当か」について市民が議論しやすくなる。また、リスク受容に関する社会的合意の形成の促進が期待できる。

安全目標には定性的目標と、定量的目標がある。定性的目標はリスクマネジメントの達成水準を定性的な言葉で表したものである。例えば、「環境への有害物質の放出を社会的に容認できるレベルに抑制する」といった表現が用いられる。この例では、「有害物質」には何が含まれるのか、「社会的に容認できるレベル」とは具体的にどういう意味かといった点があいまいである。そのため、これをそのまま現場実務の目標とすることはできない。しかし、定性的目標はリスクマネジメントの範囲や基本方針を非専門家にもわかりやすく表現する。そして、より具体的な定量的安全目標の精神を提示するという意味で設定される。

これに対して、定量的安全目標はより具体的で明確な達成水準を、定量的表現で定めたものである。

定量的目標は、相対的目標と絶対的目標に大きく分類される。

相対的目標は、安全目標をある基準値に対する相対的関係で表したものである。例えば、「労働災害の年間発生件数を５年間で半減する」といった例が考えられる。この場合には現在の発生件数が基準とされている。

絶対的目標は、絶対的なリスクの許容限度として安全目標を与えるものである。例えば、「大気汚染による発がんの年間死亡率を 10^{-6} 以下にする」といった例がこれにあたる。

図表 2.4 に、各国で実際に採用されている定量的安全目標の例を示す。

図表 2.4　安全目標の例

原子力発電所（米国） 個人：急性死亡 ＜ 全事故死の 0.1%（5×10^{-7} ／年） 集団：がん死亡 ＜ 全がん死の 0.1%（1.4×10^{-6} ／年）
航空機設計（米国） 破滅的事象の発生 ＜ 10^{-9} ／飛行時間
大気汚染（オランダ） がんの超過発生 ＜ 10^{-4} ／生涯（目標：10^{-6} ／生涯）
飲料水（日本） がんの超過発生 ＜ 10^{-5} ／生涯

2.4　リスクの許容限度

安全目標を設定するにあたって、「どの程度のリスクまでなら許容できるのか(How safe is safe enough?)」という難しい問題に答える必要がある。許容可能なリスクの限界値を、リスクの許容限度と呼ぶ。リスクの許容限度については、これまでさまざまな考え方が専門家により提案されてきたが、主な考え方は以下のとおりである[5]。

許容限度設定の根拠としては、まずリスクを負うことによって得られる利益とのバランスの観点があげられる。すなわち、得られる利益が大きいならば大きなリスクも許容できるが、利益が小さいならば小さなリスクしか許容すべきではないとする考え方である。さらに、利益を得るためにリスクを負う選択が自発的に行われたのか、非自発的に行われたのかも考慮すべきであり、非自発的にリスクを負わされる場合には利益を割り引いて考えるべきだとされている。

この考え方が具体的に反映されるのは、公衆と職業人に対する許容限度に差をつけることである。職業選択の自由が保障されているならば、職業人は収入を得るために自発的にその職業に就いているはずである。職業人が職務上負うリスクと同種のリスクの許容限度は、公衆に対してより厳しくすべきであるということになる。例えば放射線管理において、公衆に対する被ばくの線量限度は、職業的な放射線作業従事者に対する線量限度よりも厳しく設定されている。また、医療放射線による患者の被ばくについては、利益が非常に大きいため、これらの線量限度は適用されない。

許容限度の設定において次に考慮される観点は、自然発生的リスクとの相対的関係である。これは、人為的な原因によるリスクの許容限度を決める場合に、その原因がなかったと仮定した場合に比べてリスクに有意な増加がなければ、そのリスクを許容してもよいとする考え方である。この場合に参照される自然発生的リスクとしては、全疾病によるリスク(1×10^{-2}/年)や、発がんリスク(3×10^{-3}/年)がある。後者は、発がん性物質に関する許容限度を決める際の参照点として用いられることが多い。また、有意な増加についての定量的な解釈としては、0.1%(10^{-3})という値がよく用いられる。

許容限度を決める際のもう1つの考え方は、すでに社会的に許容されている同種のリスクと比較して同程度であれば、許容してもかまわないという考え方である。この場合、全事故死のリスク(3×10^{-4}/年)や全労働災害のリスク(3×10^{-5}/年)がよく参照される。

以上をまとめて、リスク許容限度の考え方の例を示したものが、**図表2.5**である。リスクを負うことによる利益が小さい場合、あるいは非自発的(非職業的)リスクに対しては、全疾病死の0.1%より小さい10^{-6}/年が許容限度の目安になる。この値は自然災害によるリスクと同程度である。利益が大きい場合、あるいは自発的(職業的)リスクに対しては、全事故死と同程度の10^{-3}/年が許容限度の目安となる。利益が両者の中間にある場合には、得られる利益に依存して許容限度を設定する。

以上はこれまで主に専門家が行ってきた提案であって、何ら科学的根拠にもとづく理論のようなものではない。またこれに従わなければならないものでもない。どこまでならリスクが許容できるかは、個別の状況や個人の価値観に依存する。したがって、許容限度の最終的な決定は社会的合意にもとづいて行われなければならない。

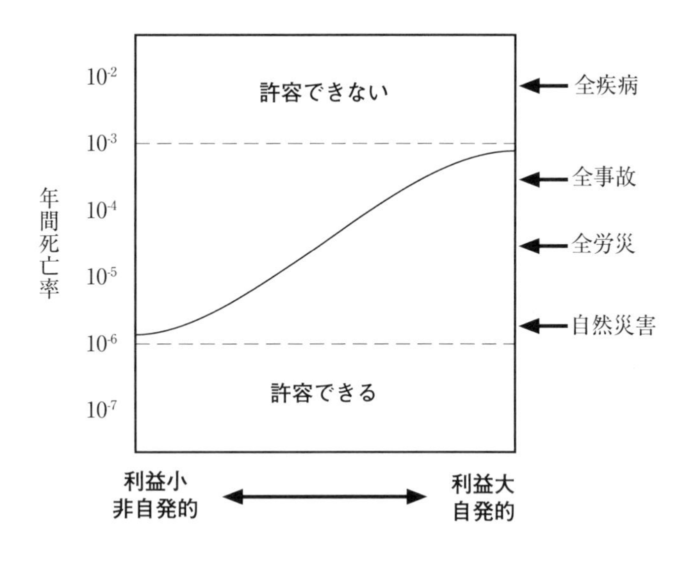

図表2.5　リスク許容限度の考え方の例

2.5　幅を持った安全目標と分布型安全目標

リスクの許容限度は安全目標に明確な基準を与える。しかし、許容限度を満足すれば直ちに安全だとして、それ以上のリスク低減努力をやめてしまうことには抵抗がある。なぜなら、リスクの定量評価は常に評価手法や知識の不完全さ、データや想定の不確かさなどから免れられないからだ。許容限度を満足しているかどうかを100%の確信をもって判定することはできない。また、リスクは可能な限り低減するのが望ましいと考えるのが社会の素朴な欲求である。

以上のような背景から、安全目標を単一のリスク許容限度によって設定するのではなく、若干の移行区間をともなって設定する、幅をもった安全目標の考え方が提案されている。幅をもった安全目標の概念を**図表2.6**に示す[6]。

幅をもった安全目標は、規制値と目標値の2つの基準値によって表される。規制値よりもリスクが大きい領域は「許容できない領域」である。リスクがこの範囲にある場合には、いかなる努力を払ってもリスクを低減しなければならない。

規制値よりも低い水準に目標値が設定される。目標値よりもリスクが低い領

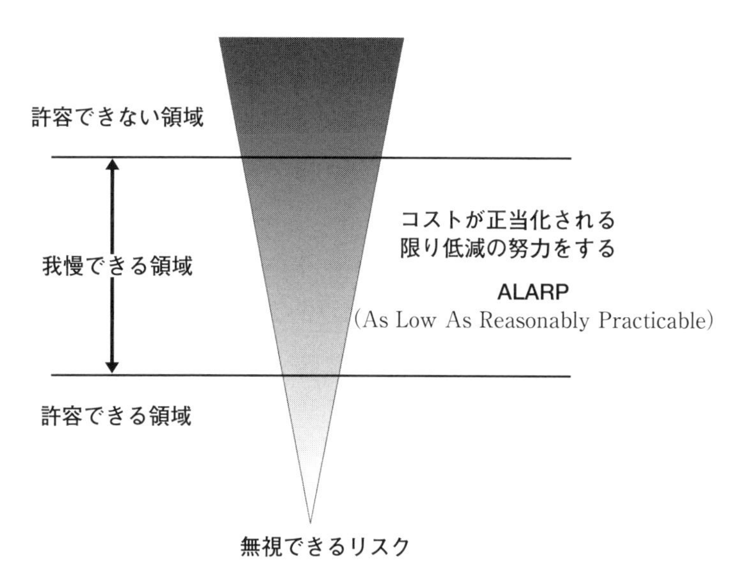

出典：U.K. Health and Safety Executive, 1992[6]

図表2.6　幅を持った安全目標の概念

域は「許容できる領域」である。この領域のリスクは無視できると考えて、それ以上のリスク低減努力は不要とされる。

規制値と目標値の間の領域は「我慢できる領域」である。この領域ではリスク低減努力に要するコストと効果とのバランスを考え、コストが正当化される限りリスク低減の努力をすることが要請される。我慢できる領域に適用されるこの原則は、ALARP（As Low As Reasonably Practicable）と呼ばれる。

例えば、アメリカの汚染土壌浄化プログラムでは、最大曝露を仮定した生涯発がんリスク評価の結果が、

- 10^{-4} を上回る場合：自動的に浄化されるべきである。
- 10^{-6} 以下の場合：浄化は行わない。
- その間の場合：ケースバイケースで判断し、浄化すべきであると判断されたときはその理由の明示を求める。

と規定されている[7]。これは、合理的にリスクを削減できるところまで削減しようという、ALARP の考え方に基づく幅をもった安全目標である。

一方、社会的リスクの観点から、安全目標を損害の期待値ではなくリスクプロフィールの上限として設定する、分布型安全目標の考え方がある。**図表 2.7** に、分布型安全目標に幅をもった安全目標を組み合わせた場合の安全目標を概念的に示す。

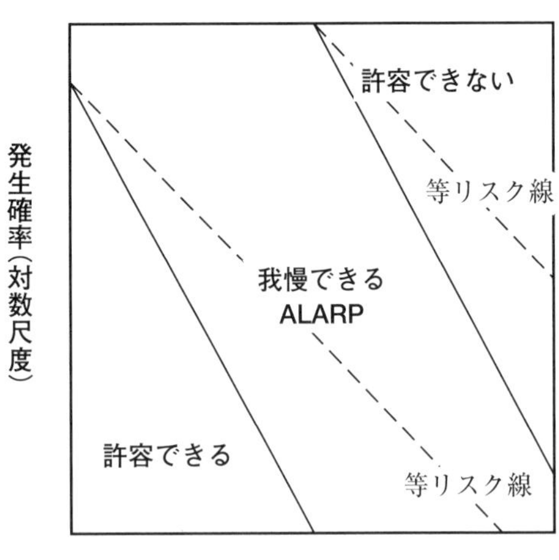

図表 2.7　幅を持った分布型安全目標の概念

損害の規模と発生確率の関係を同スケールの両対数グラフに描いた場合、等リスクの点は45度右下がりの直線となる。ところで、発生確率が低くても損害の大きな事象は社会的に嫌われる傾向がある。これは、リスク回避性と呼ばれている。このリスク回避性を考慮に入れ、また等リスク線ではリスクの期待値が無限大になってしまう問題を避けるために、安全目標は等リスク線よりも勾配の急な直線あるいは曲線として設定するのが妥当である。**図表2.7**では、等リスク線より急勾配の2本の直線によって幅をもった分布型安全目標を設定する例を示している。規制値よりも右上の領域は許容できない領域であり、目標値よりも左下の領域は許容できる領域である。2本の境界線に挟まれた領域が我慢できる領域であり、ALARPが適用される。

2.6　費用効果分析

分布型安全目標を採用した場合に、ALARPの考え方を実行するための手法が費用効果分析である。ここで、費用とは経済価値で表されるリスク削減に必要なコストであり、効果とはリスク削減努力の結果達成されるリスク削減量のことである。費用効果分析は、リスクの単位量削減に必要な費用の評価のことになる。リスク指標として損失余命を用い、寿命1年を延長させるのに必要な費用を評価した結果の例を**図表2.8**に示す[8]。費用効果分析の結果は、単位リスクを削減するために費用の小さい対策や政策を優先的に実施するという優先順位づけに利用される。また、ある対策の実施にあたって寿命を1年延長させ

図表2.8　寿命を1年延長させるために必要な費用

事　例	寿命1年延長費用（万円／人・年）
シロアリ防除剤クロルデンの禁止	4,500
苛性ソーダ製造での水銀法の禁止	57,000
乾電池の無水銀化	2,200
ガソリン中のベンゼン含有率の規制	23,000
自動車のNO_X法	8,600
ごみ焼却施設でのダイオキシンの規制(緊急対策)	790
ごみ焼却施設でのダイオキシンの規制(恒久対策)	15,000

出典：岡　敏弘、2003[8]

るのに必要な費用が5,000万円だと分析されたのであれば、その対策はほかの対策例などと比較しても非合理とはいえない。しかし、2億円と分析された場合にはその対策の実施には慎重な判断が不可欠であり、代替案などの検討も必要になると考えるべきである。

費用効果分析の結果の利用にあたっては、リスクリスク負担によってもたらされる便益の分配と費用負担の関係、生態系や将来世代への影響などの問題をどのように取り込んでいくのかが課題になってくる。

2.7　リスクの保有と移転

可能な限りの努力を払ってリスクマネジメントを行ったとしても、確率論的に定義されるリスクを完全に削減することはできない。したがって、必ずいくらかのリスクは許容せざるを得ない。適正なリスクマネジメントを行ったとしても、ゼロにならずに依然残っているリスクを残留リスクと呼ぶ。残留リスクに対しては、保有と移転の2つの対応を行う[9]。

リスクの保有とは、残留リスクを無視できるものと考えて、損害の発生を許容することである。保有の中には、「運が悪かった」と思って損害の発生を単にあきらめるという消極的な対応もある。しかし、これは高頻度で損害規模がきわめて小さい領域でしか適用すべきではない。発生確率が小さくても損害規模が大きい領域では、損害が発生した場合のことを考えて損害補償のための資金を積み立てたり、不測の事態に対処するための危機管理を行ったりという積極的な対応が必要である。特に、危機管理については、法的な対応も含めて準備しておくことが重要である。

残留リスクへのもう1つの対応法であるリスクの移転とは、リスクを他人あるいは他組織に転嫁することである。損害発生が他人や他組織に帰責される場合には、損害賠償を請求することによってリスクを転嫁できる。しかし、必ずしも他人や他組織に帰責できるとは限らないため、この方法だけに頼ることはできない。一般的には、保険をかけることによってリスクを転嫁する制度が社会的に確立されている。保険契約によるリスクの転嫁は個人レベルでも組織レベルでも広く普及している。

2.8 リスクトレードオフ

2.8.1 目標リスクと対向リスク

安全目標を設定してあるリスクを減らそうとする際に、リスクを減らす努力の結果として別のリスクが新たに発生することがある。安全目標の対象として減らそうとするリスクのことを目標リスクと呼ぶ。また、目標リスクの代わりに発生するリスクのことを対抗リスクと呼ぶ。

例えば、水道水の塩素消毒によって水系病原菌による疾患リスクは減る。しかし、代わりに塩素消毒で生成するトリハロメタンにより発がんリスクが発生する。燃料を原油から天然ガスに切り替えると二酸化炭素排出による地球温暖化のリスクは減少するが、採掘時や輸送途中での漏洩によって天然ガスの主成分であるメタンガスによる地球温暖化のリスクが増加する。また、すべての医薬には薬効とともに副反応がある。

この世界にハザードにならない存在はない。目標リスクの削減は程度の差はあれ何らかの形で必ず対抗リスクの発生を招くのである。しかし、対抗リスクの発生を避けるために何もせずに決定を先延ばしにすれば、目標リスクがそのまま残ることになる。したがって、意思決定者には単に目標リスクを削減する観点からだけではなく、目標リスクと対抗リスクとを天秤にかけて両者の間で取引をし、全体としてリスクを削減するという考え方が必要になる。このような考え方がリスクトレードオフ(risk trade-off)である[10]。リスクトレードオフによって、目標リスクを減らす努力の過程で生じる対抗リスクも含めて、安全目標にかかわるリスクの全容が明らかになる。

2.8.2 さまざまなリスクトレードオフ

リスクトレードオフを行う場合、目標リスクと対抗リスクがまったく同種のリスクならば、いかに両者を合計したリスクを最小にするかという最適化の問題になる。しかし、もしも目標リスクと対抗リスクの特性が異なる場合には、単に定量的リスクを最小化するということにとどまらない、厄介な問題を生じる可能性がある。

図表 2.9 は、目標リスクと対抗リスクの負担者とタイプの異同によりリスクトレードオフのタイプを分類した表である。目標リスクと対抗リスクとで、同じ負担者が同じタイプのリスクを負う場合がリスク相殺である。この場合の問

図表 2.9　リスクトレードオフのタイプ

		リスクのタイプ	
		同じ	異なる
リスクの負担者	同じ	リスク相殺	リスク代替
	異なる	リスク移転	リスク変換

出典：J.D. グラハム、J.B. ウィーナー、1998[10]

題はリスクの最小化である。地球温暖化の原因である二酸化炭素の排出削減を行うために、同じく地球温暖化の原因となるメタンガスの排出が増えてしまうのはリスク相殺である。

負担者は同じだがリスクのタイプが異なる場合はリスク代替と呼ばれ、医薬の副反応はその典型である。

同じタイプのリスクをある負担者から別の負担者に移す行為がリスク移転である。災害による経済的損害を保険によって補償するのはリスク移転である。

目標リスクと異なるタイプのリスクを異なる負担者に負わせる行為はリスク変換と呼ばれる。残留農薬を理由とする農作物の輸入禁止は輸入国の消費者の健康リスクを下げるが、輸出国の農民に経済リスクを負わせることになる。

目標リスクと対抗リスクとでリスクのタイプが異なる場合に、異種のリスクを等価なものとして比較できるかどうかが問題となる。人々は死亡確率が同じだとしても、細菌性の疾患にかかるリスクとがんにかかるリスクとを同等とは必ずしも考えないかもしれない。この場合の意思決定には、同じ健康リスクといえども多目的最適化の考え方を必要とする。

リスクの負担者が異なる場合には、社会的にさらに厄介な問題が生じる。特に、不特定多数が負うリスクを特定集団に移転あるいは変換する場合、多数意見にもとづく民主的決定が不公正な決定になることがある。リスクを負わされる集団が社会的に弱い立場におかれていたり、意思決定の過程で十分な発言権が与えられなかったりする場合にはなおさらである。また、未来世代や人以外の生命など、発言が不可能な相手にリスクを移転、変換する場合には倫理的な問題が生ずる。こうした問題があることを踏まえてリスクトレードオフを行い、意思決定を行うことが必要である。

第3章

ハザードの同定

3.1　リスク評価

3.1.1　リスク評価の2つのアプローチ

リスクを許容できるレベル以下に維持管理し、安全を達成するための社会的、組織的諸活動がリスクマネジメント(risk management)である。リスクマネジメントの中で最も重要な役割を担う作業は、ハザードを同定してそのリスクの特徴を分析、把握するために行われるリスク評価である。

リスク評価には、大きく分けて2つのアプローチがある。1つは、システムの運用開始前の段階で考えられるハザードとその影響を予測し、あらかじめ対策を立てて事故や不具合を防止する未然防止的なリスク評価である。もう1つは、事故や不具合が起きた後で、その原因を解明して再発防止や類似事象の防止である水平展開を行う事後分析的なリスク評価である。2つのアプローチの概要と関係を**図表3.1**に示す。両者は相互補完的にリスクマネジメントの中核を構成する。

未然防止的リスク評価の目的は、システムに潜んでいる危険要因が事故や不具合になる前に発見し、除去することにある。システムに潜む問題点を把握するためには、発生の可能性のある不安全事象を事前に発見、特定する必要がある。潜在的危険因子を見落としなく体系的に発見するために、後で紹介するFMEAやHAZOPをはじめとするするさまざまな手法が提案されている。

これに対して、顕在化してしまった危険要因の直接原因や背後要因を探り、それを低減、除去するための改善策を導出するのが、事後分析的なリスク評価である。ここで注意すべき点は、事故や不具合の原因のうち表面的な原因だけに着目して、実行容易な改善策のみを取り上げてはならないということである。こうした恣意的な分析を避けるためにも体系的な分析手法が提案されているが、これについては**第5章**で紹介する。

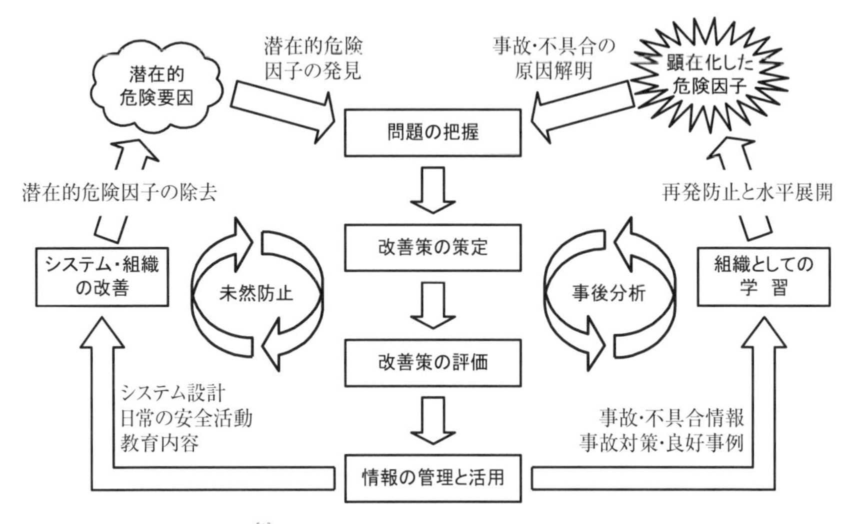

出典：吉村誠一ほか、2008[1] をもとに作成

図表 3.1　リスク評価の 2 つのアプローチ

3.1.2　定性的手法と定量的手法

未然防止、事後分析の双方において、問題点が把握されたら、その問題点を除去するための改善策を策定する。そして、リスクの大きさや改善効果などを考慮して改善策を評価し、有効な改善策を決定する。次に、リスク評価の結果を組織内で共有し、情報を必要とする部署はどこからでも、必要なときにはいつでも活用できるような状態に管理する。そして、システム設計、日常の安全活動、教育内容などに反映することによって評価結果をフィードバックし、組織としての学習を行う。

未然防止、事後分析とは別の視点からリスク評価手法を分類すると、定性的手法と定量的手法に分類できる。定性的評価は、対象システムやその問題点の論理構造や定性的特徴を明らかにするものである。多くの場合に定性的評価は、定量的評価に先立って実施される。定量的リスク評価は、リスクの大きさを数量的尺度にもとづいて評価するもので、安全にかかわる決定にとって明快な根拠を提供できる点では望ましい。しかし、改善策の策定には問題の論理構造などの定性的情報が不可欠である。また、リスク評価には何らかの前提が必ず想定されている。しかし、定量的評価の結果だけではそのような前提が明示できない。したがって、リスクマネジメントにとって、定性的評価も定量的評価と同様の有用性と重要性をもっているといえる。

定量的手法は、さらに決定論的手法と確率論的手法に分類することができる。決定論的手法は、システムの異常や故障を想定したうえでシステムの挙動を計算機シミュレーションなどを用いて決定論的に予測するものである。リスク評価においては主に損害の規模を評価するために行われる。これに対して、確率統計論にもとづいて損害の発生確率を評価する目的で用いられるのが確率論的手法である。

定量的リスク評価は、一般的に以下のような手順で実施される。

定量的リスク評価の手順

① **目的、システム、損害の定義**：評価の目的、対象システムの範囲、および何を損害と考えてリスクを評価するのかなど、評価の枠組みを明確化する。

② **ハザードの同定**：ハザードを同定し、システムに想定される異常や故障を列挙するとともに、その影響の重大性を大まかに見積もって順位づけする。

③ **システムのモデル化**：評価目的にとって重要となるシステムの特徴、挙動を論理的、数理的手法によってモデル化する。

④ **リスクの定量評価**：システムモデルを用いてシステムの挙動を予測し、損害規模あるいは発生確率を定量的に評価する。

⑤ **感度解析、不確かさ解析**：システムのモデル化において想定した前提、近似、パラメータや、使用したデータの不確かさが評価結果に与える影響を評価する。

⑥ **結果の文書化**：リスク評価の前提、手法、結果など、評価の検証と再現に必要なすべての情報を文書に記述する。

3.2　失敗モード影響解析（FMEA）

3.2.1　FMEA の手順

失敗モード影響解析（Failure Mode Effects Analysis：FMEA）[2] は、もともと 1950 年代に軍用航空機産業において開発されたハザード同定の手法である。

FMEAでは、システムの各構成要素に生じる可能性のある故障やヒューマンエラー(human error)などの失敗の形態を列挙し、それがシステム全体に与える影響を定性的に評価することによって、重大なハザードをボトムアップに同定する。FMEAは機械装置の故障にもヒューマンエラーにも同様に適用可能である。そのため、現在では分野によらず安全管理や品質管理の目的で広く用いられている。FMEAは、**図表3.2**に示す手順で実施される。

また、**図表3.3**のようなワークシートを用いて、体系的で漏れのない解析を行う工夫がなされている。ワークシートは以下のような項目の欄から構成される。

① **構成要素**：構成部品や単位操作などのシステムを構成する基本要素
② **失敗モード**：各構成要素に発生し得る故障やヒューマンエラーの形態
③ **影　響**：失敗が他の構成要素や上位システム、外部環境などに及ぼす影響
④ **重大性**：失敗の発生頻度や影響の重大性などにもとづく失敗の重大性
⑤ **原　因**：失敗の原因として考えられる事項
⑥ **対　策**：失敗の発生防止、拡大抑制、影響緩和のために講ずべき是正措置

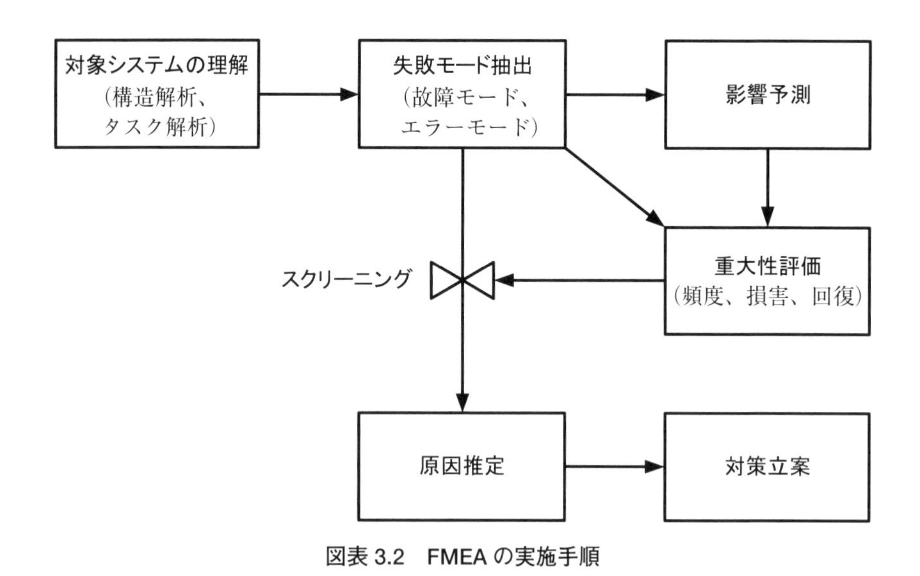

図表3.2　FMEAの実施手順

図表 3.3 (a) 設備機器に対する FMEA ワークシートの例

構成要素	失敗モード	影 響	重大性	原 因	対 策
冷却水ポンプ	停 止	システム全停止	5	電源喪失	補助電源
	シール漏洩	サンプ増	4	シール磨耗	材質変更
	異常振動	過 熱	3	中心ずれ	定期点検
	……………	………	………	……………	……………

図表 3.3 (b) タスクに対する FMEA ワークシートの例

構成要素	失敗モード	影 響	重大性	原 因	対 策
手動操作によるポンプの起動	起動忘れ	システム全停止	5	高作業負荷	チェックリスト
	起動遅れ	計画遅れ	3	技能不足	操作訓練
	誤起動	品質劣化	1	ラベル誤読	表示改善
	……………	………	………	……………	……………

3.2.2 対象システムの理解

設備機器や機械装置などの技術システムには、**図表 3.4(a)**に示すような全体部分関係による階層構造が存在する。例えば、自動車は構造系、動力系、制動系、電気系などの系統で構成され、その中で動力系はエンジン、変速機、駆動輪などの設備機器で構成される。設備機器はさらに集合部品に、集合部品は部品に分解される。この階層構造において、上位階層は下位階層の全体に、下位階層は上位階層の部分に対応する。

同様に、人が行うタスクにも**図表 3.4(b)**に示すような目標手段関係による階層構造がある[3]。ここでタスク(task)とは、ある目標を達成するために適切に構造化された一連の人間行動と定義する。例えば、「コーヒーをいれる」というタスクを達成するためには、「湯を沸かす」「豆を挽く」「ドリップする」といった下位タスクが必要であり、「湯を沸かす」ためにはさらに「やかんを用意する」「水を入れる」「レンジにかける」などの下位タスクが必要である。

全体 ⟷ 部分

自動車
構造系
動力系
制動系
電気系
エンジン
変速機
駆動輪

(a)　技術システムの全体部分階層

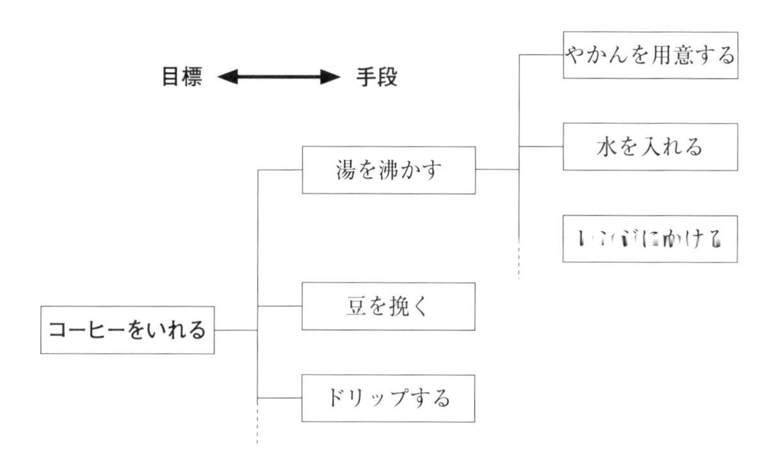

(b)　タスクの目標手段階層

図表 3.4　工学システムの階層構造

ここで、上位階層は下位階層を実行するための目標であり、下位階層は上位階層を達成するための手段である。

FMEA は、まず技術システムやタスクをこのような階層構造に従って基本的構成要素に分解する。そして、対象システムの構成要素を網羅的に列挙することから始められる。分解は再帰的にどこまでも詳細なレベルまで繰り返すことができる。しかし、解析の目的、後で行われる失敗モードの抽出や影響予測などのステップを考慮すると、おのずと領域ごとに意味のある最も詳細なレベルが決まってくる。したがって、そのレベルに達したら分解を停止する。

システムの構成要素が列挙できたら、設備機器の場合にはその大まかな仕様、使用条件、使用環境、タスクの場合には大まかな内容、実行条件、実行環境など、失敗モードの抽出に役立つ情報を収集、整理しておく。

3.2.3　失敗モードの抽出

次に、システムの構成要素ごとに発生する可能性があるすべての失敗の形態である失敗モードを列挙する。失敗モードは、要素が設備機器の場合には故障モード（failure mode）であり、タスクの場合にはエラーモード（error mode）である。

設備機器の場合には、過去の実績からその設備機器の種類に応じて可能性のある主な故障モードがわかっていることが多い。まったく新規の設備機器でも、類似の設備機器の実績から主な故障モードを予測することが可能である。そのような故障モードに関する情報を参照しながら、主な故障モードを列挙する。**図表3.5（a）**に、一般的な機械部品と電気部品に発生する主な故障モードの一覧を示す。

解析対象が人の行うタスクの場合、エラーモードとは外部から第三者が観察して客観的に判定できるヒューマンエラーの表面的形態である。また、エラーモードとは、期待される標準的行為が規定されていると仮定した場合に、その標準的行為からの逸脱の仕方である。**図表3.5（b）**に示す項目と内容は考えられるエラーモードを網羅している。ヒューマンエラーの表面的形態はここに示すエラーモードによって分類できる[4]。**図表3.5（b）**の順番に関するエラーのうち、挿入は標準的行為系列に対して影響のない余計な行為の追加、侵入は標準的行為系列に対して有害な行為の追加と定義する。

失敗モードを網羅的に抽出する手法として、ブレーンストーミング（brain storming）がよく用いられる。ブレーンストーミングとは、少人数のグループによってアイディアを出し合い、相互に思考を刺激することによって豊かな発想を導く発想支援法である。

図表3.5　主な故障モードとエラーモード

(a)　主な故障モード

機械部品	電気部品
変形	断線、開放
破損、破断	短絡
摩耗	絶縁不良
腐食	接触不良
固着	出力断、出力不足
漏洩	出力不安定
ゆるみ、ずれ、振動	発熱、過熱

(b)　エラーモード

項　目	内　容
時　期	早すぎ、晩すぎ、やり忘れ
時　間	長すぎ、短すぎ
順　番	逆転、反復、挿入、侵入
対　象	隣接対象、類似対象、その他の対象
強　度	強すぎ、弱すぎ
方　向	誤った方向
速　度	速すぎ、遅すぎ
距　離	遠すぎ、近すぎ

3.2.4　影響の予測

失敗が発生した場合に、上位システムにどんな影響を与え、最終的にどんな損害に発展するかを失敗モードごとに記述する。ここでいう影響には、システムの内部に与える1次的影響はもちろん、システム外部の環境や一般公衆に与える2次的影響も含まれる。また、システムからの出力、システムの運用状態、当事者や第三者の健康、生命、経済、環境などに与える影響を考慮する。

影響の波及を予測するためには、システムの系統図、配管計装線図、ロジック線図、エネルギーフロー線図、タスクフローチャート、操作手順書などが参考になる。

3.2.5　重大性の評価

失敗モードごとに失敗の重大性を発生頻度、影響の重大性など、いくつかの指標にもとづいて定性的、あるいは準定量的に評価する。FMEA はリスクの詳細な定量評価が目的ではなく、必要な事故防止対策を考えるために、あるいは定量的リスク評価を実施する前に、システムに潜むハザードを同定することが目的である。したがって、重大性評価はシステム構成要素ごとに網羅的に列挙した失敗モードのうちから、ハザードとしてさらに詳細な評価に値するものをスクリーニングするために行うもので、定性的あるいは準定量的に行われる。

重大性評価は複数の具体的な評価指標ごとに評価する。さらにその結果を総合的に判断して最終的な結果を得るというやり方で行う場合が多い。このときの指標としては、失敗の発生頻度や影響の重大性などが考慮される。失敗の発生頻度は、その失敗がどの程度の頻度で発生するかを評価する。影響の重大性は、失敗によって最終的に発生する損害がどの程度の規模になるか、また損害を回復してシステムを通常状態に復帰させるまでにどの程度の期間を要するかを評価する。これらの評価を行うために、例えば**図表 3.6** に示すような評価基準を設定してカテゴリ分類を行う。

最後に、指標ごとの評価結果から重大性の総合評価を行う。これには、指標ごとの評価結果を点数化し、点数の和や積をとるといった方法が考えられる。しかし、異なる評価指標の評点間に等価性がなく、総合評価が評点の単純な関数にならない場合が一般的である。そこで、**図表 3.6** に示すような複数指標を座標とする平面上に総合評価を記入した表を描き、これにもとづいて総合評価を行うという方法がよく用いられる。このような表をリスクマトリックス（risk matrix）と呼ぶ。例えば**図表 3.7** の例では、リスクカテゴリ（risk category）が 1 に分類された失敗は許容できるものとして考慮しないこととし、リスクカテゴリ 2 ～ 4 に分類された失敗については、カテゴリに応じた防止対策を検討するといったようにして、後続の判断に反映する。

3.2.6　原因と対策の検討

失敗の対策を考えるために、まず失敗の考えられる原因を記述する。機器故障の原因には機器構造、使用方法、使用条件が考えられる。また、ヒューマンエラーの原因には個人的要因、環境的要因、社会的要因が考えられる。

図表 3.6　重大性評価のための基準の例

(a)　失敗の発生頻度

評　価	基　準
きわめて低い	運用期間中の発生は無視できる程度
低い	運用期間中の発生はほとんど予想できない
中程度	運用期間中に少数回の発生が十分予想される
高い	運用期間中に繰返し発生することが予想される

(b)　影響の重大性

評　価	基　準
軽　微	システム運用にはまったく支障なく、直ちに復旧可能
重　大	システム運用に支障を及ぼすが、容易に復旧可能
致命的	システム停止を余儀なくされ、復旧に長期間を要する
破局的	周辺環境(第三者)に損害を与え、復旧は困難

失敗の発生頻度 ＼ 影響の重大性	軽微	重大	致命的	破局的
高い	2	3	4	4
中程度	2	3	4	4
低い	1	2	3	4
きわめて低い	1	1	2	3

図表 3.7　リスクマトリックスの例

次に、失敗の発生防止策、拡大抑制策、影響緩和策を検討する。発生防止策としては、失敗の発生源となる構成要素そのものをシステムから排除するか、失敗発生の原因となる環境条件を排除するかのいずれかが考えられる。拡大抑制策としては、失敗の影響伝播径路を遮断できないか、失敗を検出して影響を機能的に封じ込められないか、を検討する。影響緩和策としては、影響が発生しても大きくならないようにする。それとともに、復旧の方法を考える。原因と対策の検討においても、グループで行うブレーンストーミングは有効である。

3.3　ハザード操作性解析(HAZOP)

FMEA とならんでよく用いられているハザード同定の手法に、ハザード操作性解析(Hazard and Operability Study：HAZOP)[5] がある。HAZOP は化学プラントを対象とするリスク評価を目的に開発された手法である。FMEA が構成要素と失敗モードに着目するのに対して、HAZOP はプロセスパラメータ(process parameter)とその偏差に着目する。しかし、基本的な考え方は FMEA に類似しており、ほぼあらゆる産業分野に適用可能である。

HAZOP においても解析にワークシートが用いられるが、HAZOP ワークシートの項目で FMEA ワークシートと異なるのは、パラメータと偏差である。パラメータ欄には、システムの状態を規定するシステム各部の流量、圧力、温度、強度などのプロセスパラメータを列挙し、FMEA における構成要素に相当する。偏差は各パラメータの目標状態あるいは通常状態からの逸脱の形態であり、FMEA における失敗モードに相当する。

HAZOP では、パラメータ、偏差とその原因の網羅的な組合せをリストにしたガイドワード(guide word)を用意して、体系的で漏れのない解析を支援するが、ガイドワードは適用対象に応じたものを用意することが可能である。

第4章

確率論的安全評価

4.1　事故シーケンスと起因事象

顕在化プロセスが起きて価値対象がハザードに曝露され、損害が発生するような事態を事故と呼ぶ。事故にいたる一連の出来事の組合せ、発生順序、発生タイミングなどの記述を事故シーケンス(accident sequence)と呼ぶ。確率論的安全評価(Probabilistic Safety Assessment：PSA)、あるいは確率論的リスク評価(Probabilistic Risk Assessment：PRA)は、事故シーケンスとその発生確率、損害の規模を体系的に明らかにし、評価する作業である[1] [2]。

PSA は定量的かつ確率論的なリスク評価法である。それは、定性的あるいは準定量的に使うことも可能である。PSA はもともと高度の安全性を要求される航空宇宙や原子力の分野で開発、洗練された手法である。その基本概念は他の分野にも広く適用可能である。

事故シーケンスの最初の引き金となる出来事を起因事象、起因事象に続けて起きる一連の出来事の連鎖を事象シーケンスと呼ぶ。起因事象には、設備機器の破損や故障、設備の操作ミスなどのヒューマンエラー、火災の発生、悪天候や地震などの自然現象、停電や航空機の墜落などの他システムで起きた事故、破壊活動や外部からの攻撃などが含まれる。これらはシステムの内部で発生する内的事象と、システムの外部で発生する外的事象とに分類される。

PSA では、まず想定する起因事象の範囲をどこまでにするかを決定する必要がある。次に、起因事象をその後の事故シーケンスの類似性によっていくつかのグループに分類し、各グループを特定の事象によって代表させる。例えば、ある機器が大規模に破損する事象と小規模に破損する事象があり、正常状態からの逸脱の程度の違い以外は事故シーケンスの進展に大差がないような場合には、大規模に破損する事象で規模の小さなさまざまな破損事象を代表させる。このようにして、PSA で考慮すべき起因事象の範囲を代表的なものだけに限定し、解析の手間を削減する。

4.2 イベントツリー解析(ETA)

4.2.1 ETAの手順

PSA(確率論的安全評価)では、起因事象から始めて、顕在化プロセスの発生を阻害するために設けられた複数の安全バリアの動作が成功する場合と失敗する場合とに分けながら、事故進展のシナリオを数え上げる。安全バリアには物理的防護や安全装置はもちろん、人間行動も含む事故進展を左右するすべての種類のバリアを考慮する。次に、その最終的な状態から事故シーケンスを特定する。以上の作業がイベントツリー解析(Event Tree Analysis：ETA)である。

ETAは、以下の手順により実施される。

ETA(イベントツリー解析)の手順

① **起因事象の選定、分類**：安全評価基準、類似システムにおける過去の経験、固有設計データなどを参考に起因事象を選定し、影響が類似したもの同士をグルーピングする。

② **成功基準の設定**：事象シーケンスが事故にならず、システムが安全に停止したことを判定するための条件である成功基準を定義する。

③ **イベントツリーの作成**：起因事象ごとにその発生を想定した場合、システム安全確保のために必要な安全バリアの動作の成功、失敗を組み合わせてイベントツリー(Event Tree：ET)を作成する。

④ **事故シーケンスの評価**：実績データや信頼性データベースを参考に、起因事象、後続事象の発生確率を評価し、事故シーケンスの発生確率を計算する。

4.2.2 ETの作成と評価

ETAの結果は、**図表4.1(b)**に示すようなイベントツリー(Event Tree：ET)によって表現される。ここに示す例では、システムにA、B、Cの3つの安全バリアがある。このうちAが動作し、さらにBかCのうちのいずれか1つが動作すれば事故にならないという成功基準を想定している。この成功基準を信頼性ブロック図に表すと**図表4.1(a)**になる。信頼性ブロック図では、直列

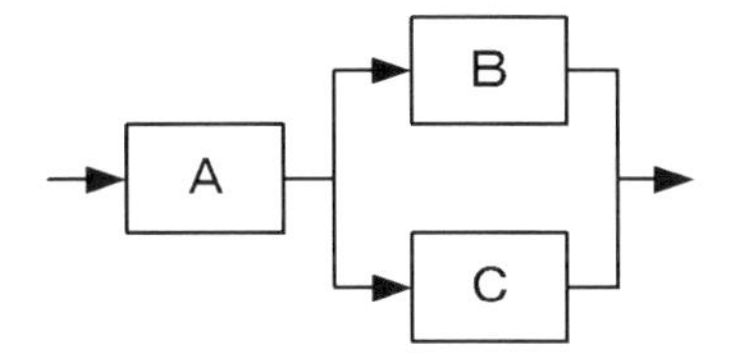

(a)　信頼性ブロック図

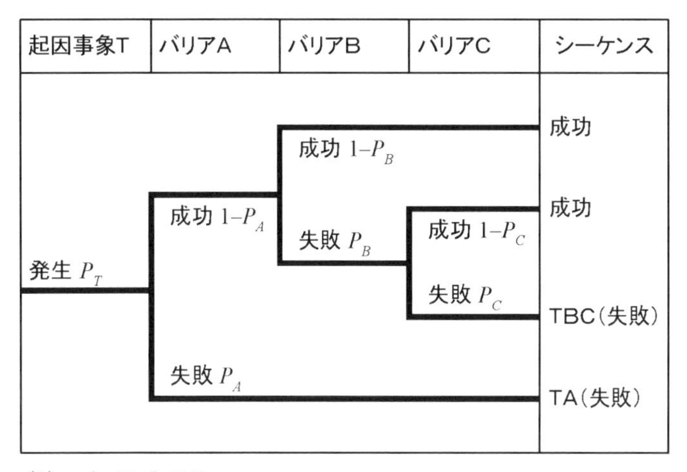

(b)　イベントツリー

図表 4.1　ET の例

接続が論理積、並列接続が論理和を表し、出力が得られる状態が成功である。

ET では、起因事象を木の根として、安全バリアの動作成功を上への分岐で、動作失敗を下への分岐で表しながら事故シーケンスを展開していく。ただし、最終状態の成功、失敗を左右しない場合には分岐を省略してよい。左端の根から右端の葉まで ET をたどる経路が個々の事象シーケンスに対応する。このうち成功基準を満たさないものが事故シーケンスである。**図表 4.1**(b)の例では、上の 2 つのシーケンスが成功するシーケンス、下の 2 つが失敗するシーケンス、すなわち事故シーケンスである。起因事象と動作に失敗するバリアを表す記号(ラベル)を連ねた識別子を用いて、事故シーケンスを識別する。図の例では、TBC と TA の 2 つの事故シーケンスがある。

起因事象の発生確率と、ET の各分岐における分岐確率が評価されていれば、各事故シーケンスの発生確率を計算することができる。これには、根からETをたどりながら、起因事象の発生確率と分岐に対応した分岐確率とをすべて掛け合わせればよい。例えば**図表4.1(b)**の例において、シーケンスTBCの発生確率は$P_T(1-P_A)P_BP_C$となる。

4.3　フォールトツリー解析(FTA)

4.3.1　FTAの手順

PSA(確率論的安全評価)において、ETAとならんで非常によく用いられる解析手法にフォールトツリー解析(Fault Tree Analysis：FTA)[3]がある。FTAは、解析対象とする望ましくない事象が発生する条件を明らかにし、さらにその発生確率を評価する作業である。解析対象とする望ましくない事象のことを、頂上事象と呼ぶ。FTAは単独で行われるほか、ETAで抽出された起因事象の発生確率や、安全バリアの動作失敗確率を評価するために行われる。

FTAでは頂上事象から出発して、頂上事象の発生に寄与する原因事象を後ろ向きにたどり、頂上事象を発生させる事象の論理的組合せを明らかにする。FTAの実施手順を以下に示す。

FTA(フォールトツリー解析)の手順

① **頂上事象の定義**：望ましくないシステム失敗事象を定義する。頂上事象の定義には、失敗にいたる故障の形態、システムの運転状態などが含まれる。

② **解析範囲の明確化**：解析するシステムの範囲や、主系統と補助系統の境界などを明確にする。

③ **フォールトツリーの作成**：頂上事象の発生条件を、機器故障、試験、保守、ヒューマンエラーを考慮しながら論理的に展開し、フォールトツリー(Fault Tree：FT)を作成する。原因事象の展開は、それ以上細かくできないと考えられる基本事象のレベルまで階層的に行う。

④ **FTの評価**：実績データや信頼性データベースを参考に基本事象の発生確率を評価し、FTA計算ソフトなどを用いて頂上事象の発生確率を計算する。

4.3.2　FT(フォールトツリー)の作成

FT（フォールトツリー）は、頂上事象を頂点に、それを引き起こす条件となる事象の組合せを論理的に展開した図である。**図表 4.2** に FT で用いられる記号の一覧を示す。また、**図表 4.3** に FT の例を示す。この例では、機能の同じ機器１と機器２の２つの機器が併設されている場合に、両方の機器とも動かな

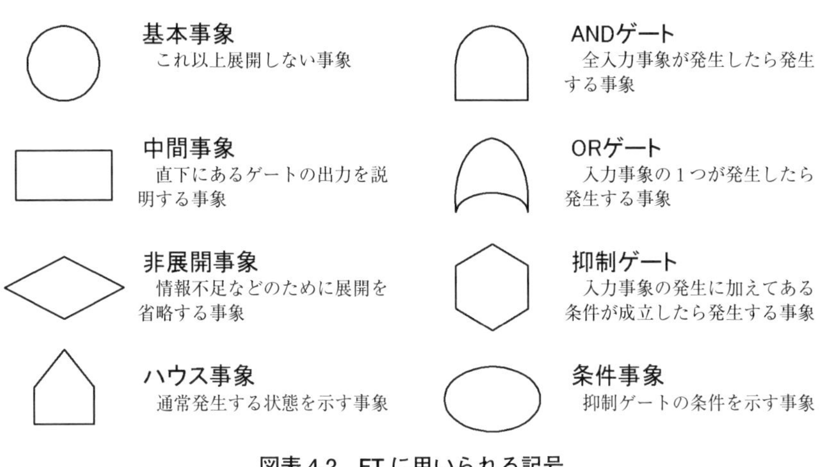

図表 4.2　FT に用いられる記号

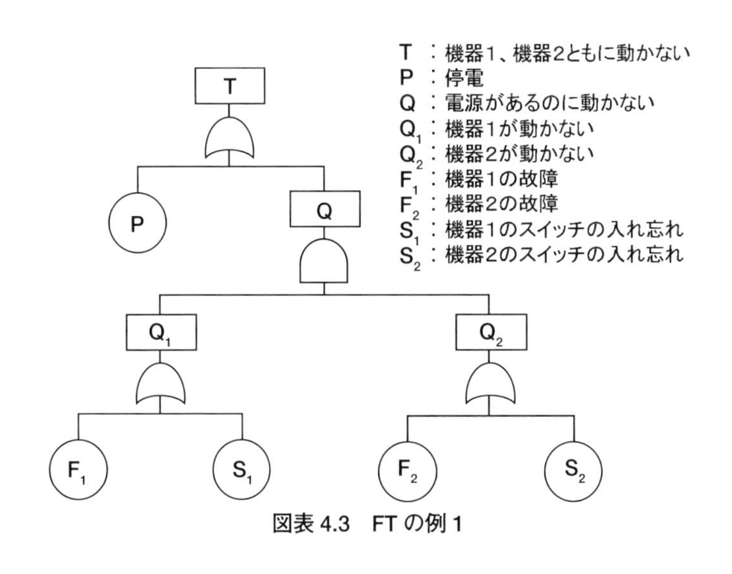

図表 4.3　FT の例 1

い事象を頂上事象として、その原因を展開している。ただし、両方の機器とも同じ電源で駆動されるものとする。頂上事象(T)が起るのは停電(P)の場合か、電源があるのに2つの機器とも動かない(Q)場合かのいずれかである。さらに後者の原因には、機器の故障(F_1、F_2)か、あるいは、スイッチの入れ忘れ(S_1、S_2)が各々の機器に関して考えられる。

4.3.3　ミニマルカットセットの導出

FTが完成したら、次に頂上事象を引き起こす基本事象の組合せであるカットセット(cut set)を求める。そのために、FTを参考に頂上事象が起きるための条件を論理式に表し、基本事象を用いた表現になるまで展開する。さらに、以下のブール演算に関する規則を用いて $T = C_1 + C_2 + \cdots + C_N$ の標準形に整理する。

交換則　$A + B = B + A$　(4.1)

$A \cdot B = B \cdot A$　(4.2)

結合則　$(A + B) + C = A + (B + C)$　(4.3)

$(A \cdot B) \cdot C = A \cdot (B \cdot C)$　(4.4)

分配則　$A \cdot (B + C) = A \cdot B + A \cdot C$　(4.5)

ここで、"+"は論理和記号、"・"は論理積記号、C_i $(i = 1, \cdots, N)$は基本事象と論理積記号だけから成る式であり、C_iに含まれる基本事象の集合がカットである。

例えば、**図表4.4**のFTに対しては以下のように6つのカットの集合であるカットセットが求められる。

$$
\begin{aligned}
T &= M \cdot N \\
&= (A + B) \cdot (C + P) \\
&= (A + B) \cdot (C + Q \cdot E) \\
&= (A + B) \cdot \{C + (D + C) \cdot E\} \\
&= A \cdot C + A \cdot D \cdot E + A \cdot C \cdot E + B \cdot C + B \cdot D \cdot E + B \cdot C \cdot E
\end{aligned}
\tag{4.6}
$$

次に、冗長なカットを取り除き、頂上事象を引き起こすのに必要十分な基本事象の集合であるミニマルカットセット(Minimal Cut Set：MCS)を求める。いま、2つのカットの間に $C_i \subset C_j$ $(i \neq j)$の関係があるならば、C_jはC_iが起きれば必ず起き、しかもC_iより要素数が多いので頂上事象を引き起こす最小の条件ではない。したがって、C_iを考慮すればC_jを考慮する必要はない。

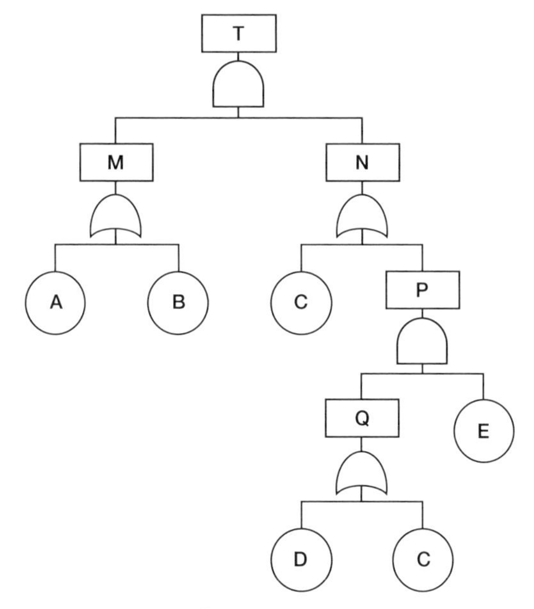

図表 4.4　FT の例 2

図表 4.4 の例では、{A, C} がカットなので A と C が起きれば E の発生に関係なく頂上事象が起きる。したがって、{A, C, E} をカットとして考慮する必要はない。同様に、{B, C, E} も考慮する必要はなく、ミニマルカットセットは {A, C}、{A, D, E}、{B, C}、{B ,D, E} となる。

4.3.4　頂上事象発生確率の計算

MCS が求められれば、頂上事象の発生確率 $P(\mathrm{T})$ を以下の式によって計算することができる。

$$P(\mathrm{T}) = \sum_{i=1}^{N} P(\mathrm{C}_i) - \sum_{i=2}^{N} \sum_{j=1}^{i-1} P(\mathrm{C}_i \cap \mathrm{C}_j) + \cdots + (-1)^{N-1} P(\mathrm{C}_1 \cap \mathrm{C}_2 \cap \cdots \cap \mathrm{C}_N) \quad (4.7)$$

ここで、カットの発生確率 $P(\mathrm{C}_i)$ が十分に小さければ、2 つ以上のカットの同時発生確率は非常に小さくなるので、上式の第 2 項以降を無視しても大きな誤差を生じない。この場合には、第 1 項だけを用いて以下のように $P(\mathrm{T})$ を計算できる。

$$P(\mathrm{T}) \approx \sum_{i=1}^{N} P(\mathrm{C}_i) \tag{4.8}$$

カットの発生あるいは複数のカットの同時発生が、基本事象集合 $\{\mathrm{B}_1, \mathrm{B}_2, \cdots, \mathrm{B}_M\}$ の同時発生で定義され、基本事象が互いに独立ならば、その発生確率は基本事象の発生確率の積として計算できる。

$$P(\mathrm{B}_1 \cap \mathrm{B}_2 \cap \cdots \cap \mathrm{B}_M) = P(\mathrm{B}_1) \times P(\mathrm{B}_2) \times \cdots \times P(\mathrm{B}_M) \tag{4.9}$$

ただし、後で述べるように、基本事象の間に従属性がある場合にはその取扱いに注意が必要である。

4.3.5　ET-FT解析

PSAでは、ETAとFTAを組み合わせて用いることが多い。例えば、ETAによって事故シーケンスを特定するとともに、起因事象や安全バリアの失敗を頂上事象としたFTAを行って、起因事象や安全バリアの失敗が発生する条件を明らかにする。次に、FTを評価して起因事象の発生確率、安全バリアの失敗確率を求め、これをETに戻して事故シーケンスの発生確率を求める。

このとき、ETAに必要な労力とFTAに必要な労力との間には、トレードオフの関係がある。すなわち、ETで扱う事象の粒度を大まかに設定すると、でき上がるETは小規模、単純になりETAは容易になるが、FTは大規模、複雑になりFTAは困難になる。逆に、ETで扱う事象の粒度を細かく設定すると、ETは大規模、複雑になりETAは困難になるが、FTは小規模、単純になりFTAは容易になる。ETで扱う事象の粒度をどうするかは、対象領域におけるシステムの記述や、異常事象の記述に慣習的に用いられている粒度に合わせるのが便利である。

なお、ET、FTの規模が大きくなるとETAもFTAも手計算では不可能になる。そこで、ETA、FTAのための解析ソフトが開発されており、実務上はそのような解析ソフトを用いたコンピュータによる解析が行われる。

4.4　基本事象発生確率の評価

4.4.1　常用系機器の信頼性

本節では設備機器の故障を対象に、設備機器が故障で機能喪失する事象の発生確率を評価する方法について説明する。なお、ヒューマンエラーの発生確率については第9章で述べる。

最初に、常用系機器の故障を取り上げる。常用系とは、システムの通常運転状態において稼動している系統のことである。常用系機器は通常時に常に稼動状態にあるために、故障すると直ちに故障は検出され、修理される。

最初に、いくつかの用語を定義しておく。設備機器の信頼度とはある特定時刻にその設備機器が健全で所期の機能を発揮している確率である。一方、不信頼度とはある特定時刻にその設備機器が故障して所期の機能を発揮していない確率である。信頼度、不信頼度は特定時刻における確率であり、時間依存の関数として与えられる。

設備機器のアベイラビリティ(availability)とは規定時間内にその設備機器が健全で機能を発揮している確率である。また、アンアベイラビリティ(unavailability)とは規定時間内にその設備機器が故障して機能を喪失している確率である。アベイラビリティ、アンアベイラビリティは、それぞれ規定時間での信頼度、不信頼度の平均値である。常用系機器が機能喪失する事象の発生確率は、アンアベイラビリティで表す。

設備機器が単位時間に故障する割合を故障率と呼ぶ。定義より故障率 λ は信頼度 R の相対的低下率であるから、両者の間には以下の関係が成り立つ。

$$\lambda = -\frac{1}{R}\frac{dR}{dt} \tag{4.10}$$

これを1回積分すると次式が得られる。

$$R(t) = exp\left[-\int_0^t \lambda dx\right] \tag{4.11}$$

不信頼度は $1-R(t)$ であり、不信頼度の上昇率である故障密度 $f(t)$ は以下のようになる。

$$f(t) = -\frac{dR}{dt} = \lambda R = \lambda exp\left[-\int_0^t \lambda dx\right] \tag{4.12}$$

平均故障間隔(Mean Time Between Failures：MTBF)とは、修理が完了して使用を再開してから次の故障が起きるまでの平均時間であり、故障密度から以下のように求められる。

$$\mathrm{MTBF} = \int_0^\infty \tau f(\tau) d\tau \tag{4.13}$$

故障率は設備機器の使用開始からの時間に依存する関数 $\lambda(t)$ であり、一般的には図表 4.5 に示すような浴槽曲線で表される。すなわち、使用開始直後には製作不良に起因する故障が比較的頻発し、故障率は高い。このような故障を初期故障と呼ぶ。初期故障が収まった後、しばらくは安定して故障の少ない期間が継続する。この安定期を終えて設計寿命に近づくと材料劣化などのために損耗故障が発生し、再び故障率が上昇する。そして、やがて寿命を終えて信頼度はゼロに漸近する。

ここで、初期故障期と損耗故障期が安定期に比べてきわめて短く、故障率 λ が一定であると仮定できるならば、信頼度、故障密度は以下のような指数関数となる。

$$R(t) = e^{-\lambda t} \tag{4.14}$$

$$f(t) = \lambda e^{-\lambda t} \tag{4.15}$$

また、MTBF は故障率の逆数となる。

$$\mathrm{MTBF} = \int_0^{\infty} \lambda \tau e^{-\lambda \tau} d\tau = \frac{1}{\lambda} \tag{4.16}$$

常用系機器の故障は直ちに検出されるので、検出と同時に修理が開始され、修理によって機器は新品と同じ状態に戻ると仮定する。修理に要する平均時間を平均修復時間(Mean Time To Repair：MTTR)と呼ぶ。信頼度の相対的回復率である修復率 μ が時間によらず一定と仮定すれば、MTBF と同様の計算により MTTR は修復率の逆数 $1/\mu$ となる。

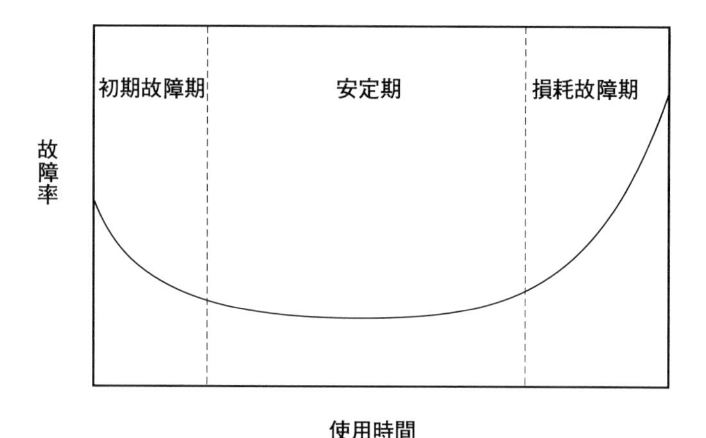

図表 4.5　設備機器の故障率が示す一般的傾向

以上を総合すると、システムの全運用期間中において常用系機器は平均的にMTBFだけ稼動状態にあり、故障が起きるとその後MTTRだけ停止状態になることを繰り返す。したがって、そのような機器のアンアベイラビリティ P_u は、以下のように評価される。

$$P_u = \frac{\mathrm{MTTR}}{\mathrm{MTBF} + \mathrm{MTTR}} = \frac{\lambda}{\mu + \lambda} \tag{4.17}$$

4.4.2 待機系機器の信頼性

常用系に対して、システムの通常運転状態では稼動しておらず、必要があるときだけ起動されるような系統が待機系である。例えば、常用系が故障した場合に起動されるバックアップ系統や、緊急時に起動される安全保護装置などがこれに相当する。待機系機器は通常運転状態で稼動していないので、たとえ故障していたとしてもそれが発見されるのは必要があって起動しようとした場合に限られる。したがって、待機系の機能が要求されたときに確実に起動することを保証するためには、定期的に点検を行って故障していないことを確認する以外にない。

いま、待機系機器の故障率を λ で一定とし、一定の点検周期 T で点検を行うとする。点検の結果、故障が発見されたら直ちに修理するものとし、修理に要する時間は点検周期に比べて十分に短い、すなわち点検周期から見ると修理は瞬時に行われ、新品と同じ状態に戻るものと仮定する。

この機器の信頼度Rは、前回点検からの経過時間 t の指数関数として、

$$R(t) = e^{-\lambda t} \tag{4.18}$$

で与えられる。点検周期 T ごとに、対象機器は故障していないことが確認されるか、故障していれば直ちに修理され、いずれの場合にも信頼度 R は1に戻るので、この機器のアンアベイラビリティ P_u は、以下のように評価される。

$$P_u = \frac{1}{T}\int_0^T (1 - e^{-\lambda t})\,dt = 1 - \frac{1}{\lambda T}(1 - e^{-\lambda T}) \tag{4.19}$$

ここでもし $\lambda T \ll 1$ ならば、次のように近似できる。

$$P_u = 1 - \frac{1}{\lambda T}(1 - e^{-\lambda T}) \approx 1 - \frac{1}{\lambda T}\left\{\lambda T - \frac{1}{2}(\lambda T)^2\right\} = \frac{\lambda T}{2} \tag{4.20}$$

すなわち、アンアベイラビリティは点検周期 T にほぼ比例する。

4.4.3　荷重強度システムの信頼性

使用環境がシステムに及ぼす荷重が、システムの強度限界を超えたときに破綻するようなシステムを荷重強度システムと呼ぶ。例えば、以下のようなシステムは荷重強度システムの例である。

構造物：応力が材料強度を超えると破壊する。

電気部品：電圧が絶縁耐圧を超えると絶縁破壊する。

材　料：温度が最高許容温度を超えると溶融、焼損、変質する。

ネットワーク：転送需要が容量限界を超えるとシステムがダウンする。

処理装置：処理要求が処理能力を超えるとシステムがダウンする。

ここで、荷重は建物にかかる風圧や道路を走る車の交通量のように、一定にとどまることはなく絶えず変化している。荷重強度システムについてある使用環境を想定した場合、荷重の変化は統計的にその荷重特有の分布をもつはずであり、荷重は確率変数として扱うことができる。

一方、設備機器の設計、製作においては、さまざまな不確かさが入り込む余地がある。例えば、設計に用いる材料特性は完全にはわかっていないことがある。この場合、材料組成を完璧に制御することは不可能であり、寸法には加工精度の範囲内で誤差をともなう。これらの不確かさの影響により、実際の強度限界は設計によって規定された強度限界から乖離する。設計強度を上回る荷重がかかっても壊れないことがあれば、設計強度よりも小さい荷重で壊れてしまうこともある。したがって、強度限界も公称値のまわりに分布を持つ確率変数として扱わなければならない。

そこで**図表 4.6** に示すように、荷重 L の分布が確率密度関数 f_L で、強度限界 S の分布が確率密度関数 f_S で与えられると仮定する。この場合に、荷重強度システムが破綻する確率 P_f を求める。システムの破綻は、荷重 L が強度限界 S を超えたときに起きることから、P_f は以下のように計算される。

$$
\begin{aligned}
P_f &= P(S \leq L) \\
&= \int_{-\infty}^{+\infty} f_L(x) \int_{-\infty}^{x} f_S(y)\, dy dx \qquad (4.21) \\
&= \int_{-\infty}^{+\infty} f_L(x) F_S(x)\, dx
\end{aligned}
$$

ここで、$F_S(x)$ は強度限界 S の確率分布関数である。

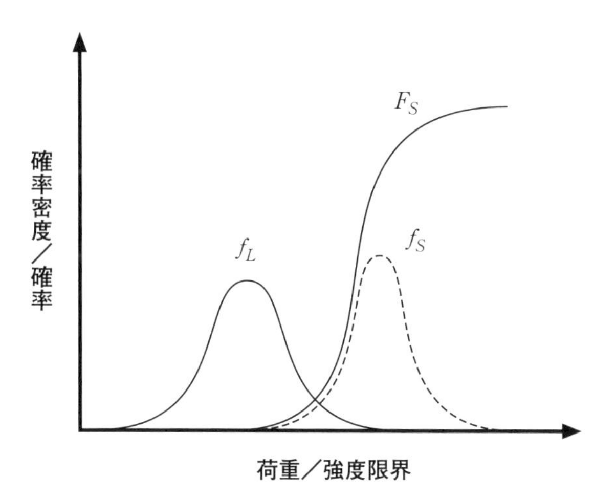

図表 4.6　荷重強度システムの信頼性

4.5　不確かさ解析

システム構成機器の強度、容量、寿命などの仕様や故障率、その使用条件や周辺環境を規定する特徴量、ヒューマンエラーの発生確率などは統計的に変動する。そのため、その予測には不確かさをともなう。したがって、これらのパラメータにもとづいて評価されたシステムのリスクも不確かさをともなう。このようなパラメータがもつ不確かさには、主に現象固有の変動性に起因する不確定性(variability)と、これを有限回の観測によって評価することに起因する統計的不確実性(uncertainty)がある。また、観測がないパラメータの推定には専門家による判断がよく用いられるが、この場合には人の推定能力の限界に起因する不確かさが加わる。

パラメータがもつ不確かさの影響に加えて、システムのモデル化の過程で不確かさが入り込む余地がある。モデル化段階の不確かさには、考慮すべき現象や要因をモデルが完全にカバーしていないというモデルの不完全性に起因する不確かさ、モデル化の際に用いた想定が現実と異なるという知識の不足に起因する不確かさ、モデルを評価する際に用いた近似に起因する不確かさがある。

リスクの定量評価においては、評価結果を簡潔に表現するために、平均値のような単一の代表的数値を示すことが一般に行われる。このような単一の推定値のことを点推定と呼ぶ。しかし、点推定は以上に述べたような不確かさをともなうので、現実のリスクが点推定の周りのどの範囲に収まるのかを把握しておくことが不可欠である。リスクの定量評価において評価結果のもつ不確かさの大きさを見積もる作業が不確かさ解析である。

特定パラメータの値がもつ不確かさを最も厳密に表現するには、その確率分布を与えればよい。実務上は標準偏差、上下限値、エラーファクター(Error Factor：EF)などを用いて不確かさの大きさを表現することが多い。このうち、上下限値はそのパラメータが取り得る最高と最低の値で不確かさの範囲を示すものである。一般的に累積度数で下限値には5%、上限値には95%に対応する値が用いられる。エラーファクターは上限値を下限値で除した比である。

入力パラメータのもつ不確かさがリスクの評価結果にどう伝播するかは、基本的に以下のような方法で評価することができる。まず、事故シーケンスの発生条件は基本事象の論理積と論理和の組合せなので、事故シーケンスの発生確率は基本事象発生確率の積と和の組合せとして計算される。したがって、あるパラメータの積と和の統計が、個々のパラメータの統計とどのような関係にあるかを調べ、その関係を使って不確かさの伝播を解析すればよい。

まず、和の場合から考える。パラメータYが2つのパラメータX_1とX_2の和であるとする。

$$Y = X_1 + X_2 \tag{4.22}$$

このとき、Yの平均と分散は、X_1、X_2の平均と分散から次のように求められる。

$$\mu_Y = \mu_{X_1} + \mu_{X_2} \tag{4.23}$$

$$\sigma_Y^2 = \sigma_{X_1}^2 + \sigma_{X_2}^2 + 2\rho\sigma_{X_1}\sigma_{X_2} \tag{4.24}$$

ただし、μ_x、σ_x^2はそれぞれx $(=X_1, X_2, Y)$の平均と分散であり、ρはX_1とX_2の相関係数と呼ばれる次のような統計量である。

$$\rho = \frac{E[(X_1 - \mu_{X_1})(X_2 - \mu_{X_2})]}{\sigma_{X_1}\sigma_{X_2}} \tag{4.25}$$

ρはX_1とX_2に完全な正の相関がある場合に$+1$、独立の場合に0、完全な負の相関がある場合に-1の値をとる。

次に、積の場合を考える。パラメータYが2つのパラメータX_1とX_2の積であるとする。

$$Y = X_1 \cdot X_2 \tag{4.26}$$

この場合には、Yの平均値と分散は次のようになる。

$$\mu_Y = \mu_{X_1} \mu_{X_2} + \rho \sigma_{X_1} \sigma_{X_2} \tag{4.27}$$

$$\sigma_Y^2 = (\mu_{X_1}^2 \sigma_{X_1}^2 + \mu_{X_2}^2 \sigma_{X_2}^2 + \sigma_{X_1}^2 \sigma_{X_2}^2)(1 + \rho)^2 \tag{4.28}$$

対象が大規模複雑システムの場合、以上のような不確かさ伝播解析を段階的に実施するのはきわめて困難になる。その場合には、統計的サンプリング、あるいはモンテカルロシミュレーション（Monte Carlo Simulation）と呼ばれる手法で不確かさ伝播解析が行われる。その原理を**図表 4.7** に示す。この手法では、各入力パラメータの確率分布に従って無作為に値を発生し、全入力パラメータ値の特定のセットを用いて評価結果を得る。この過程を多数回繰り返すことによって、評価結果の確率分布が統計的に求められる。こうして、不確かさについての情報が得られる。統計的サンプリングは、大規模複雑システムにも一律に適用可能であるが、十分な統計精度を得るためには計算時間を必要とする。

モデル化による不確かさを評価するには、モデル化の範囲、モデル化の際の想定、近似の有無など、モデル化のさまざまな因子を試しに変えてみたうえで解析を繰り返し、結果を比較することによって不確かさの大きさを見積もるという手法が用いられる。このように、解析条件を少しずつ変えながらその結果に与える影響を調べる作業を感度解析と呼ぶ。感度解析を行っても結果に大差

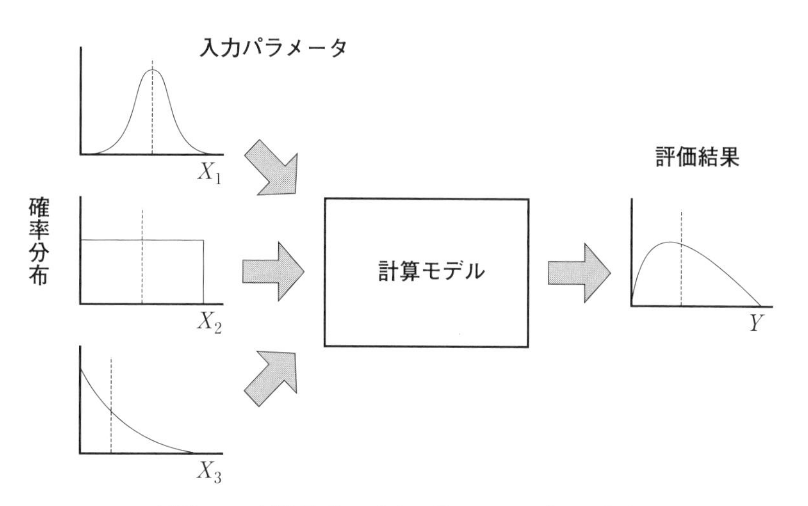

図表 4.7　統計的サンプリングによる不確かさ解析

がなければ、その因子はリスク評価にとって大きな影響を及ぼさないと結論づけられる。また、差が見られる場合には、その因子に起因する不確かさの程度を見積もることができる。

4.6　従属性解析

事象Aと事象Bが互いに独立ならば、その同時発生確率は各事象の発生確率の積に等しくなる。一方、両者に従属性があるときには同時発生確率が各事象の発生確率の積よりも大きくなる。すなわち、以下の関係があるとき、事象Aと事象Bの間には従属性があるという。

$$P(\mathrm{A} \cap \mathrm{B}) = P(\mathrm{B} | \mathrm{A}) \times P(\mathrm{A}) > P(\mathrm{A}) \times P(\mathrm{B}) \tag{4.29}$$

ある機器の故障と他の機器の故障との間に従属性がある場合、そのような故障を従属故障と呼ぶ。従属故障には以下にあげるような種類がある。いずれの従属性も本質的には何らかの共通原因にもとづいているといえる。

共通モード故障とは、複数の同一機器が従属的に同じ故障モードで故障するものである。例えば、設計の不備によって同一設計の機器が同様の故障をする場合や、同時に使用開始した機器が同時に寿命を迎えて損耗故障を起こす場合などが考えられる。

伝播型故障とは、ある機器の故障が原因で別の機器の使用環境が大きく変化して故障するものである。例えば、ある場所で発生した火災によって隣の設備が延焼する、高圧バルブが故障して下流の配管に高圧がかかり破損するなどの例が考えられる。

共通原因故障とは単一の出来事に起因して複数機器の故障が同時に起こることである。同じ環境下に置かれた荷重強度システムが同時に強度限界を超える荷重を受けて同時に故障する、2基の設備を同じ部屋に設置していたために火災によって同時に使用不能になるなどがこれに相当する。

共有設備の故障は、複数のシステムで補助系統などを共有している場合に共有部分が故障すると、どちらのシステムでも使用不能になることである。家庭の主ブレーカーが落ちると、家中のすべての電気製品が使えなくなるのはその典型事例である。

あるシステムの信頼性を高めるために複数の機器を用意していたとしても、従属性がある場合には1つの機器が故障するとバックアップに用意した機器も同時に故障する。したがって期待されたほどの信頼性が得られない可能性があるので注意が必要である。PSA において従属故障の影響を評価する作業が従属性解析である。そのためのさまざまな工夫が提案されている。

明示的手法では、FT の作成において基本事象の中の共通原因を同定し、独立原因と分離してシステムをモデル化する。そして、通常の FTA の手法で MCS を導出し、FT を評価する。例えば、**図表4.8**に示す FT の例では、事象 X、Z について共通原因を事象 C、独立原因を事象 X'、Z' として分離し、FT を作成している。その結果、MCS が次のように求められる。

$$
\begin{aligned}
T &= X \cdot P \\
&= (X' + C) \cdot (Y + Q) \\
&= (X' + C) \cdot (Y + Z \cdot W) \\
&= (X' + C) \cdot \{Y + (Z' + C) \cdot W\} \qquad (4.30) \\
&= X' \cdot Y + X' \cdot Z' \cdot W + X' \cdot C \cdot W + C \cdot Y + C \cdot Z' \cdot W + C \cdot W \\
&= X' \cdot Y + X' \cdot Z' \cdot W + C \cdot Y + C \cdot W
\end{aligned}
$$

明示的手法以外に、共通原因を明示的に同定せずに考慮するパラメトリック手法(parametric method)がいくつか提案されている。ここでは一例として、

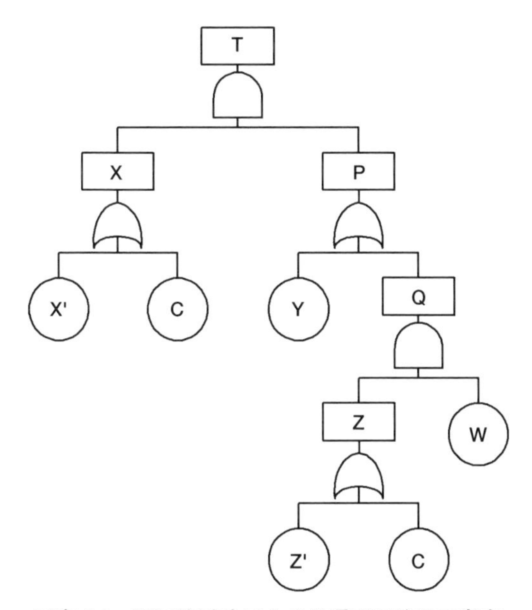

図表 4.8 明示的手法による共通原因故障の考慮

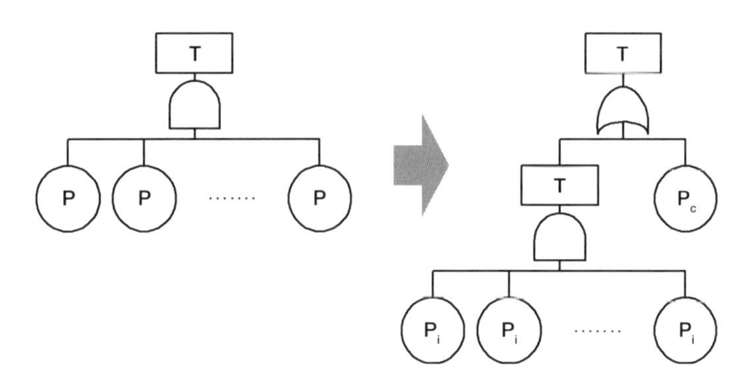

図表 4.9　ベータ係数法による共通原因故障の考慮

最も簡単で広く用いられているベータ係数法(beta factor method)を紹介する。

ベータ係数法では、同一機器の故障を独立故障と共通原因故障とに分解できると仮定し、共通原因による故障確率が全故障確率に占める割合をパラメータ β で表す。この手法は、主に機器構成に冗長性を有する系統の共通原因故障解析に用いられる。n 基の並列機器からなる系統の場合、共通原因故障を考えると FT は**図表 4.9** の左側から右側のように描き替えられる。この機器の全故障確率が P であれば、共通原因故障確率は $P_c = \beta P$、独立故障確率は $P_i = (1-\beta)P$ である。したがって、この系統の故障確率は以下のようになる。

$$P_T = P_i^n + P_c = (1-\beta)^n P^n + \beta P \tag{4.31}$$

4.7　定量的リスク評価の意義

リスクを定量的に評価することによって、リスクを許容できる水準以下に管理し、安全を確保しようとするリスク専門家の努力は、しばしばこれに懐疑的な勢力から以下のような批判を浴び、嘲笑の的にされてきた。

まず、リスクの定量評価の基礎となる入力パラメータや計算モデルは多くの不確かさや仮定を含んでおり、リスク専門家が期待するほど客観的で科学的なものではない。特に、データや科学的知見が不足している際に用いられる専門家による判断は、しばしば希望的観測か当て推量の域を出ない場合がある。次に、現在の定量評価手法が主に設備機器の故障を対象に開発、洗練されてきたために、地震などの外部事象、ヒューマンエラーや組織的要因、最近ではテロなどの意図的攻撃によるシステムの失敗を十分にモデル化できていないという欠点がある。さらに、何をもって損害と考えるかという、リスクの定義にかかわる問題は人の価値観に左右されるので、純粋に客観的な定量評価の対象になり得ない。最後に、確率論的なリスク概念は人々に理解されがたく、安全にかかわる社会的合意の形成に必要なコミュニケーションの障害となることが多い。

以上のような批判はおおむね妥当である。これはリスク専門家、特に社会によるリスクの受容を期待する専門家にとっては不愉快であるといえる。しかしながら、このような反リスク定量化論者の主張が正当であるかといえば、そのようなことはまったくない。定量的リスク評価には上記のような限界はあるものの、依然としてそれを行わないよりは行うことを是とすべき理由がある。

まず、リスクを定量評価することによって、安全目標が達成されているか否かを確認できる。これは目標もなしにただやみくもに突き進むよりは、はるかに賢いやり方である。すなわち、定量的で明確な目標をもつことによって、どこを改善すれば安全がさらに向上するのかが判断できるようになり、合理的な意思決定が可能となる。定量的リスクを道具にリスク管理の努力をすることによって、確実に事故は減少し、損害も減る。これに対して、定量的リスクは客観的でも科学的でもないと批判しているだけでは何の改善も生まれない。

また、ある目標を達成するための複数の手段がある場合に、リスクを定量評価して比較することによって、どのオプションが最も安全目標を達成できるかについて明確な判断が下せるようになる。このことは、社会的資源の最適投資という意味において重要である。安全がいかに大切だとしても、そのために無限の社会的資源を投入することはできない。資源に限りがある以上、投入資源に対して最も効果の高い安全対策に社会的資源を投入することは、常識的で合理的な判断であるといえよう。

以上のように、定量的リスク評価にはさまざまな限界があるものの、現実的に十分意義のあることである。

第5章

事故分析

5.1　事故の因果モデル

すでに述べたように、事故や不具合が起きた後でその原因を解明して再発防止や類似事象の防止を行う、事後分析的なリスク評価は、未然防止的なリスク評価とならんでリスクマネジメントの両輪である。事故や不具合に関する情報には、システムの安全性を高めるために有効なさまざまな情報を含んでいる。これを抽出して活用するための作業が事故分析、あるいは事象分析である。

ここで事故分析について述べる前に、事故が一般的にどのようなメカニズムで起きるかについて見てみよう。事故発生のメカニズムは、一般的に**図表 5.1** で説明できる[1]。

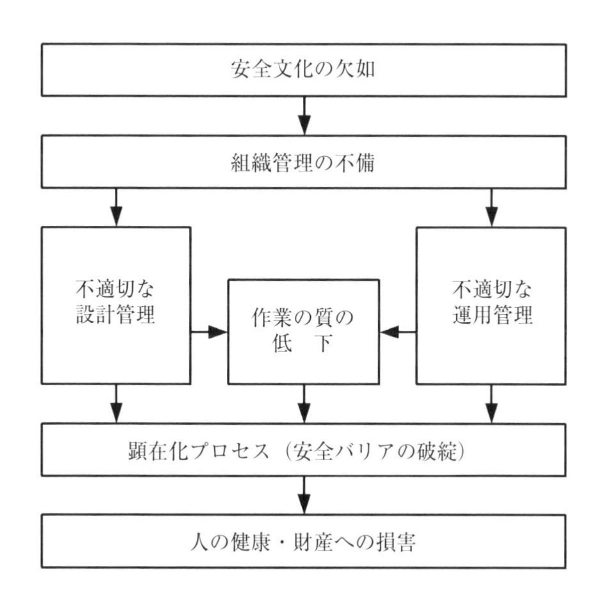

出典：Manuele, F., 1997[1] をもとに作成

図表 5.1　事故の因果モデル

事故とは、人が価値をおく対象がハザードにさらされて、人の生命、健康、財産に損害が発生する事態である。通常このような事態の発生は安全バリアによって阻止されている。つまり、安全バリアが破綻して潜在的危険が顕在化するプロセスが発生しなければ事故は発生しない。したがって、事故の直接的な原因は顕在化プロセスの発生である。顕在化プロセスは、具体的に設備機器の故障、あるいはヒューマンエラー(human error)や違反行為など人の不安全行為から構成される。

設備機器の故障の原因としては、まず不適切な設計管理の下に設計された設備機器の欠陥があげられる。設計に欠陥がある設備機器は、適正な使用環境で使用されたとしても故障する可能性がある。一方、適切に設計された設備機器も、不適切な運用管理によって望ましくない使用環境で使用されれば故障する可能性がある。また、設計寿命を終えた設備機器は不可抗力的に故障することがあるが、このような故障に対して設計あるいは運用で適切な対応がなされない場合には事故につながる。

人の不安全行為も、それそのものが事故の根本原因というわけではない。不安全行為は、さらに背景的要因の結果として発生する出来事である。要するに、不安全行為の原因は作業の質の低下ということができる。それは、作業の質が低下する原因も不適切な設計管理や、不適切な運用管理に帰することができる。不適切な設計管理によって、人に与えられる設備機器が人の能力やタスクの特性に整合していない場合には、作業の質が低下して不安全行為を誘発する。また、不適切な運用管理によって作業環境が人の能力やタスクの特性に整合していない場合にも、作業の質は低下する。

さらに不適切な設計管理や運用管理が行われるのは、組織管理が行き届いていないからである。その理由は、組織のマネジメントに欠陥があるからだと考えられる。このような組織管理の問題の背景には、その組織が安全を重要な問題と考え、安全に対して日常的に細心の注意を払うという安全文化の欠如があげられる。

以上のように、事故は不運な出来事や一部の不届きな人が原因となって起きるものではない。事故の背景には組織管理や安全文化といった、組織経営の根幹にかかわる原因が存在する。したがって、事故分析を行って事故の教訓を十分に引き出すためには、こうした事故の深層にある原因を解明することが非常に重要になる。

5.2　事故分析手法

5.2.1　事故分析の手順

事故分析にはこれまでにさまざまな手法が提案され、使用されてきている。中でも、根本原因分析(Root Cause Analysis：RCA)[2]やバリエーションツリー(variation tree)[3]は、領域によらず一般的によく用いられる手法である。J-HPES[4]、H2-SAFER[5]は、ヒューマンエラーの分析に特に力を入れた手法で、ヒューマンエラーによる事故の再発防止に効果がある。

このように、手法によって事故分析の視点に若干の違いが見られるが、本質的な分析手順には大差がない。事故分析は、一般的に以下の手順に従って実施される。

事故分析の手順

① **事象の把握**：現実に何が起きたのか事実関係を調査し、事象や関係者の行為の前後関係、相互関係を時系列的に把握する。

② **問題点の抽出**：事象の連鎖の中から、事故の転機となった設備機器故障、ヒューマンエラー、関係者同士のやりとりなどを問題点として抽出する。

③ **背後要因の分析**：問題点を生じさせた直接原因、直接原因を誘発した間接原因、さらに間接原因を誘発した潜在原因を探り、因果連鎖の構造を解明する。

④ **対策の列挙**：背後要因の排除あるいは背後要因の影響の排除、緩和など、事故の因果連鎖を遮断する方策を対策案として網羅的に列挙する。

⑤ **対策の評価**：列挙された対策案をさまざまな基準にもとづいて評価し、実施に移す対策を決定する。

以下、事故分析の各ステップについて順次解説していく。

5.2.2　事象の把握

事故分析の最初のステップは、事故にいたるまでに現実に何が起きたのか事実関係を明らかにし、時系列にそって記述することである。この作業を効率的に行うため、例えば縦軸に時間軸をとり、横軸を関連設備機器あるいは関与した人物、組織に区切り、事象の相互関係を描いた事象関連図を作成する。なお、時間軸を縦軸と横軸どちらにとっても同等である。

ここでいう事象とは、システム各部の状態の変化をもたらすような出来事、あるいは関係者の何らかの行為である。状態の変化には、正常な状態変化と異常な状態変化とがある。正常な状態変化とは、ある状態が生ずれば必然的に生じると予想される状態が実現することである。異常な状態変化とは、設備機器故障や不安全行為によって生じた予想外の状態変化である。状態変化が正常か異常かはその変化が予想どおりかそうでないかのみに依存し、実現した状態が望ましいか否かには関係がない。したがって、望ましくない状態の結果が予想どおりにシステム内を伝播して、隣接するサブシステムの状態を望ましくない方向に変えるような状態変化は正常な状態変化になる。

事故にいたる事象を列挙するときには、次にあげる事故分析の焦点となる事象を押さえるようにする。

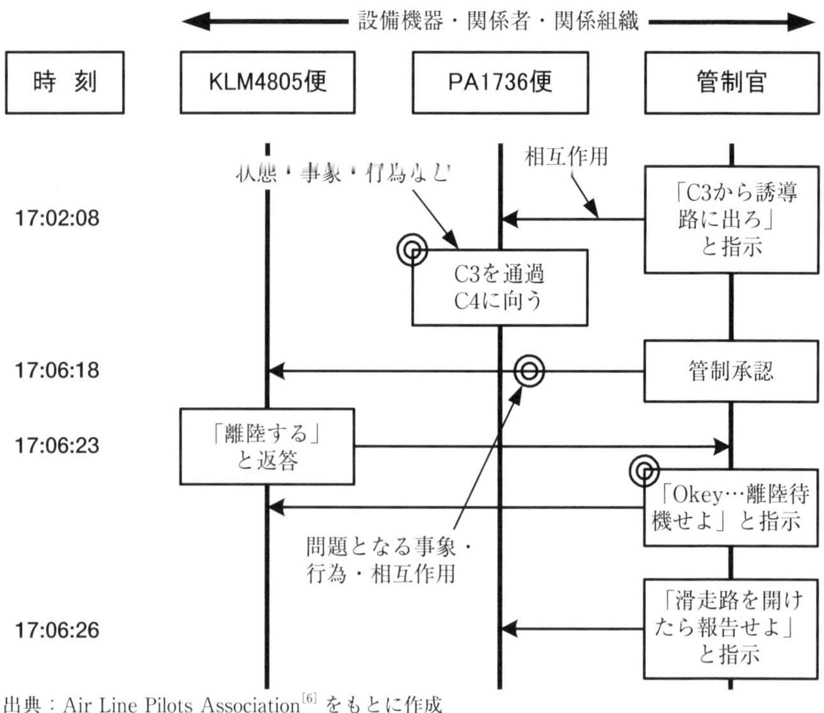

出典：Air Line Pilots Association[6] をもとに作成

図表5.2　事象関連図の例(テネリフェ空港事故、1977.3)

- 異常の発生以前の正常な状態
- 人、資産、外部環境などに損害を直接与えた事象
- 時間的に最も早く発生した最初の異常な状態変化
- 関係者が異常の発生に気づくきっかけとなった最初の事象

設備機器や関係者、関係組織ごとに、まず起きた事象の前後関係を明らかにして時間軸上に配置する。各事象が起きた正確な時間がわかれば、それを時間軸上に記入する。わからなければ前後関係だけでも十分である。次に、異なる設備機器、関係者、関係組織の間で行われた相互作用を記述する。相互作用としては、設備機器間での物質、熱、反応、運動、力、信号などの移動や伝播、人による機器の操作、機器からの情報取得、人間同士のコミュニケーションなどが考えられる。事象関連図では、これを矢印などで表記する。

図表 5.2 に事象関連図の例を示す。以上の作業によって、事故にかかわる事実認定を行う。

5.2.3 問題点の抽出

このステップでは、把握された事象の連鎖の中で背後要因分析の対象とすべき安全上問題となる事象、行為、相互作用などを特定する。問題となる事象、行為、相互作用とは、それが起きなければ事故にはならなかったと考えられるような、事故発生の転機になった事象、行為、相互作用のことを意味する。事象の場合には異常な状態変化に、行為、相互作用の場合には異常な状態変化に関与した関係者の行為や相互作用に着目する。このような問題点は 1 つだけとは限らない。往々にして 1 つの事故に複数の問題点が存在することがある。問題点が特定できたら、事象関連図の中の当該部分をマークする(**図表 5.2** の◎)。

問題となる行為はあくまでも結果として好ましくない状態変化を生じさせた行為である。その行為そのものが間違った行為であったかどうかには関係がない。例えば、マニュアルどおりの行為であっても結果的にシステムに悪影響を与えてしまった場合には、これを問題となる行為とする。そして、マニュアルの誤りは後の背後要因分析で指摘する。

次に、問題となる事象、行為、相互作用の背後要因分析に必要な情報を収集する。そのため、問題となる事象、行為、相互作用が発生した状況を記述する。これには、発生の日時、場所をはじめとして、関連設備機器、関係者、周辺環境、組織管理の状態など、背後要因分析に役立つと思われることはすべ

てもれなく記述しておく。必要であれば、現場の実地検分、関係者への聞き取り、文書の回収などを実施する。ここで記述した情報は、できれば要約して事象関連図中に書き込んでおく。

5.2.4　背後要因の分析

問題点を抽出したら、次にその問題点ごとに原因となった背後要因を探っていく。まず、問題事象、問題行為を引き起こす契機となった直接原因を考える。次に、この直接原因の成立を引き起こした間接原因を考え、さらにその間接原因を引き起こした間接原因というように、原因の探索を階層的に繰り返す。原因はその結果よりも時間的に前に存在していなければならないという制約がある。最後に、探索が最も深いレベルに到達し、根本原因が明らかになった時点で分析を終了する。事故の直接原因や、さらにその奥にある間接原因を総称して背後要因と呼ぶ。事故分析の結果は、一般的に**図表5.3**のような背後要因の因果関係を階層的に示す原因関連図によって表す。

このとき、分析をどこで止めるかという停止条件が必要である。最も基本的な事故原因のレベルを一律に定めることはむずかしい。ただし、事故分析は事故の再発防止に有効な対策を考えるという目的で行われる。したがって、意味のある根本原因のレベルは領域ごとにおのずと定まってくるはずである。注意を要することは、原因を深く探索しすぎるとシステム内部ではなく外部環境に原因を帰することになり、みずから実行可能な事故対策が提案できなくなるので、その前に原因探索を終了することである。

また、原因を特定する際には、誘発原因に加えて看過原因にも着目しなければならない。誘発原因とは、望ましくない条件や結果の発生を直接誘発することになった因子のことである。これは、狭い意味での「原因」に相当する。一方、看過原因とは望ましくない条件や結果の存在の発見や是正に失敗した原因のことである。例えば、補修後に機器の正常動作を確認しなかった、巡視点検を怠って異常が発見できなかった、作業員の監督が行われておらずエラーを見逃した、というようなものがこれに相当する。背後要因の各レベルに対して、誘発原因に加えて看過原因がなかったかどうかに注意しながら、事故の原因を分析していく。

原因探索を効率的かつ網羅的に行うために、事故原因をいくつかのクラスに分類して考えることが推奨されている。中でも、m-SHELモデル[7]や4M分

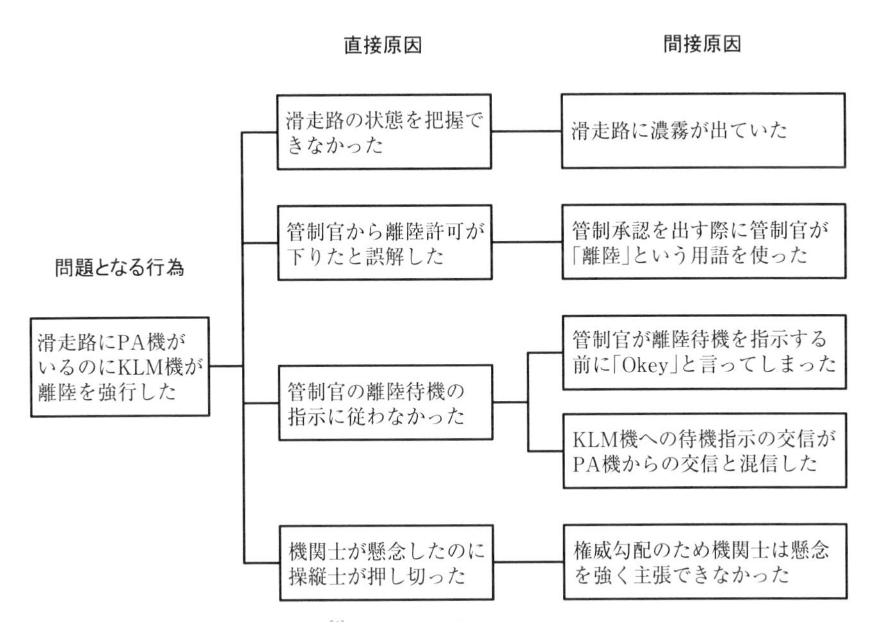

出典：Air Line Pilots Association[6] をもとに作成

図表 5.3　原因関連図の例（テネリフェ空港事故、1977.3）

類がよく用いられる。

m-SHEL モデルを**図表 5.4** に示す。中心の L は人（Liveware）を表す。行為の直接当事者である。下側のもう 1 つの L は関係者である。同僚、上司、家族など直接当事者の行為に影響を有する人々を意味する。H はシステムの機器設備、道具などのハードウェア（Hardware）、S はソフトウェア（Software）である。ソフトウェアには計算機プログラムだけでなく、手順書、チェックリスト、標識、書式などが含まれる。E は環境（Environment）である。主に作業場の温度、湿度、騒音、照明など物理的条件を意味する。これらをまとめる m は組織、管理などのマネジメント（management）要素であり、教育訓練、規則、規範、制度、待遇、社会状況などが含まれる。

これらの要素間の相互作用を媒介するしくみをインタフェース（interface）と呼ぶ。m-SHEL モデルは L-H、L-S、L-E、L-L の 4 つのインタフェースがあることを示している。

4M 分類も基本的に同様であり、事故原因を人（Man）、環境（Media）、設備機器（Machine）、管理（Management）の 4 つの M で捉える手法である。

出典：河野龍太郎、1997[7]

図表 5.4　m-SHEL モデル

5.2.5　対策の列挙

事故の背後要因の因果関係が解明できたら、次に類似事故の再発防止のために考えられる対策を列挙していく。この作業のポイントは、背後要因の排除あるいは背後要因の影響の排除、緩和によって、事故の因果連鎖を遮断することである。その概念を**図表 5.5** に示す。

まず、問題となる事象、行為、相互作用の影響が排除、緩和できないかを考える(**図表 5.5** の①)。例えば、設備機器が故障してもその影響が出ないようにバックアップを用意する。操作員がエラーを犯しても適正な操作以外を受け付けないようにするなど、システムのフェイルセイフ(fail safe)設計を考える。

次に、問題となる事象、行為、相互作用そのものの排除を考える(②)。故障する可能性のある設備機器の使用を止める、エラーを犯す可能性のある操作を自動化する、情報連絡を不要にするなどの対策がこれにあたる。

以上のような、問題点に対する直接的対応ができなかった場合には、その直接原因の影響を排除、緩和する方策を検討する(③)。すなわち、直接原因があっても、問題となる事象、行為、相互作用が発生しないような何らかの対策を考える。さらに、直接原因そのものを排除できないかが検討される(④)。

同様な考察をさらに間接原因に対して行い、間接原因の影響の緩和、排除

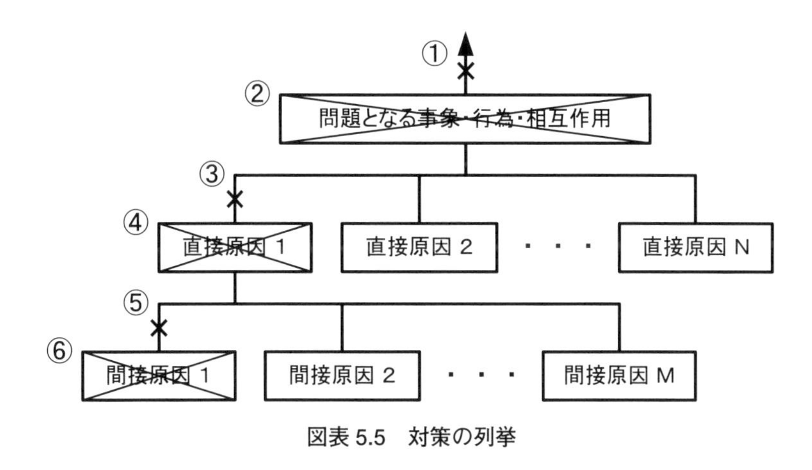

図表 5.5　対策の列挙

(⑤)、間接原因そのものの排除(⑥)ができないかを、事故の因果階層を遡りつつ、根本原因にいたるまで検討する。

この段階で重要なことは、あまりに現実離れしたものを除いては、列挙された対策をあまり批判しないということである。これは、初期段階で不十分な評価を行ってしまうと、実行しやすい安易な対策だけが残る可能性があるためである。対策の評価は次の段階で行うこととして、ここでは網羅的な対策の列挙が重要である。

5.2.6　対策の評価

前のステップで列挙された対策案を、さまざまな基準にもとづいて評価し、優先順位をつけることによって実施に移す対策を選択する。対策の評価基準としては、以下のような項目が考えられる。

有効性：対策にどれだけ明確で具体的な効果が期待できるか

即効性：対策が実施されてから効果が現れるまでに要する期間

持続性：対策が実施された場合の効果の持続期間

実施時間：対策を実施するまでの計画と準備に要する期間

難易度：対策を具体化するためにどの程度の困難が予想されるか

経済性：対策の具体化に必要な経費や人員などのコストの多寡

一般性：対策が事故を起こした設備、業務、組織以外にも適用できるか

これらの個々の基準にもとづく評価は定量的に行われることが望ましい。実

務においては厳密な定量評価をしなくても、専門家の判断にもとづく定性的、あるいは準定量的な評価で十分な場合が多い。その際には、あらかじめ明示された基準を用意する。それにより、評価の信頼性を高めることができる。例えば、即効性については、以下のような基準を設定し、3段階の定性的な評価を行うことが考えられる。

即効的：対策実施後に直ちに効果が現れる。

やや遅い：効果が現れるまでには数週間程度の期間を要する。

非常に遅い：対策実施後に効果が現れるまでには1年以上の期間を要する。

次に、個々の基準にもとづく評価を総合して対策案の優先順位を決定する。これには、個々の基準にもとづく評価を点数化し、総和や積などを計算する方法が考えられる。**図表5.6**は個々の基準で5段階評価を行い、評点の単純な総和をとる方式で評価を行った例である。評価基準に重要性の差をつけたければ、単純な総和ではなく重みつきで総和をとる。また、このように完全な評点化を行わなくとも、単に優れた項目の数を数えるだけでも総合評価は可能である。ここで重要なことは、過度に厳密で定量的な手法を志向するよりは、簡便ではあっても一貫性のある手法で必ず評価を行うという姿勢である。これによって、安価で容易に実行できる対策だけを選択するということが避けられる。

以上のようにして対策案を評価したら、ある程度高い優先順位のついた対策だけ、あるいは優先順位に従って順次対策を実施する。そして最後に重要なことは、実施した結果をモニターし、その結果をベースに対策をさらに見直して行くことである。対策を実際に実施する前の評価では必ずしも現実を把握できないことや、システムをとりまく状況が変化することは十分に考えられる。こ

図表5.6　事故対策の評価の例

対策案	有効性	即効性	……	総　合
安全装置の設置	5	5	……	30
マニュアルの改訂	3	3	……	23
確認の徹底	2	3	……	17
・ ・ ・	・ ・ ・	・ ・ ・		・ ・ ・
訓練プログラムの改善	4	2	……	21

れに対処するために、対策を実施した結果のモニターとそのフィードバックはきわめて重要である。

5.3 事故報告システム

5.3.1 事故報告の対象

起きてしまった事故、故障、不具合、ヒューマンエラーなどにかかわる情報を収集、分析、保管、共有し、再発防止と教訓の活用に役立てるしくみが、事故報告システム、あるいは事象報告システムである。事故報告システムを構築、運用することは、組織のリスクマネジメントにとって最も基本的かつ必須の活動である。ここでは、事故報告システムの設計で特に考慮すべき事項について述べることにする。

事故報告システムを設計する際にまず問題となるのは、報告の範囲をどこまでにするかという点である。人の生命、健康、財産に損害を与えてしまった事故については当然報告の対象にすべきであるが、これに加えて、事故にいたらないまでも安全にとって望ましくない軽微な事象も報告の対象に含めることが重要である。

安全上望ましくない事象は、重大なものから順に事故、不具合(トラブル)、ニアミス(near miss)に分類される。事故はシステム外の第三者に損害を与え、マスコミで報道されるような重大な事象である。不具合は、システム外には悪影響を及ぼさないが、修繕、操業停止、効率低下などを招いてシステム内に損害を与える事象をいう。事故も不具合も損害の発生によって事象の発生が確認できるのに対して、何ら実害は生じなかったものの、当事者が危険を感じるような事象はニアミスやヒヤリハットと呼ばれる。

ハインリッヒ(H. W. Heinrich)によれば、労働安全の分野で事故、不具合、ニアミスの発生件数は1：29：300の比率になるといわれている[8]。リスクマネジメントがある程度できているシステムにおいて、事故は滅多に起きない。しかし、起きてしまえば損害が大きくて取り返しがつかないので、事故だけから教訓を活用することはほとんど無意味である。また、軽微な不具合やニアミスの多発は、事故の前兆を意味することが多い。したがって、より頻繁に発生する不具合やニアミスから教訓を抽出して再発の防止に努めることが、まだ経験していない事故の防止にとってはきわめて重要である。したがって、こうした事故にいたらない軽微な事象も事故報告の対象に含めるべきである。

5.3.2　事故報告システムの構築と運用

報告対象の範囲は、報告を強制的報告とするか自主的報告とするかにも関係する。実損が発生する事故や不具合に対しては、強制的報告として教訓活用を確実にすることが可能である。事故や重大な不具合に対してはそれが望ましい。特に重大な事故の場合には、事故分析の結果を事故調査報告書としてとりまとめ、社会に公表することが一般的に要請される。一方、ニアミスは実損が発生しないので、当事者にしかその発生が認識できない。そのため、自主的報告に頼らなければ発生の事実すら把握できない。現実的には特定の損害規模を定めて、それ以上の損害を与えた事象に対しては強制的報告とし、それ未満の事象に対しては自主的報告とすることになる。

自主的報告を求める場合に配慮が必要な問題は、報告者に免責を与えることである。報告によって当事者が事故の責任を問われたり、勤務評定に反映されたりする可能性がある場合には、誰も自主的に報告しなくなり事故報告システムは機能しない。したがって、ニアミスや損害がきわめて軽微な不具合の場合、再発防止を最重要と考える観点から、報告者の免責を報告の条件にすることが必要となる。米国の航空安全報告システム(Aviation Safety Report System： ASRS)では、報告者に免責を与えたことが多くのニアミス報告につながり、報告システムとして成功したといわれている。また、事故報告が人事に反映しないようにするために、事故報告の取扱い部署を通常の組織管理系統から分離する工夫も必要である。

免責とならんで、報告者が特定できない匿名での報告を認めることも自主的報告を促進するために有効である。しかし、匿名報告では事故分析の際に当事者への聞き取りが必要となった場合にそれができなくなってしまう。そこで、匿名報告ではなく記名報告とするかわりに、事故分析が完了するまで事故報告の取扱い部署以外に情報が漏れないように管理し、事故分析が完了した時点で報告者が特定できる情報を記録から削除するという方法が考えられる。

事故報告システムが機能するためには、組織の最高責任者の関与と現場の関係者全員の参加が鍵となる。まず、最高責任者は組織の業務にとって事故報告が重要であることをメッセージとして組織メンバーに対して表明するとともに、事故報告システムを運用するために必要な人員、予算、権限を割り当て、それが単なる建前ではないことを明確に示す必要がある。

また、組織メンバーが事故報告や事故分析を担当部署任せにせず、積極的に参加するように誘導しなければならない。そのためには参加のインセンティブを高く保つことが重要である。具体的には、事故報告で収集したデータを分析、活用して、その成果を組織メンバーに定期的に報告することが有効である。いくら大量のデータを収集してもそれをただ保管しておくだけでは意味がない。分析、活用して初めて事故報告は意味をもつ。また、自分が報告したことが組織にとって役立っていると知ることは、組織メンバーに対して次の報告へのインセンティブとなる。報告に積極的な組織メンバーを評価し、賞賛する組織風土も重要である。

報告内容の偏りや粗密を防ぎ、報告の手間を省いて報告しやすくするために、あらかじめ事故報告のための標準的な報告様式を定めておくことが推奨される。多くの報告様式では、事故や不具合の状況の概略を5W1H、すなわち、いつ(When)、誰が(Who)、どこで(Where)、何を(What)、なぜ(Why)、どのように(How)という項目に従って記載することが多い。しかし、事故原因を分析して有効な対応策を立案するという観点からすると、より詳細な事故の状況を正しく把握する必要がある。

報告様式を設計する場合、詳細に報告を求めると報告が面倒になって報告へのインセンティブに悪影響を与えるが、逆に簡単すぎる報告は分析の役に立たないので、報告の詳細さにはトレードオフが存在する。また、事故分析手法と整合しない報告も役に立たないので、分析手法と整合した報告様式を工夫する必要がある。一般的に、選択式の報告は自由記述式よりも報告者の負担が少なく、分析も楽であるが、選択肢にない重要情報が欠落する恐れがある。自由記述式はその逆で、記述の自由度は高いが、報告にも分析にも多大の労力を必要とし、報告者、分析者の技量によって結果の質が左右される。事故報告システム全体の目的に照らして、適切な詳細さと自由度で報告を求めなければならない。

第6章

化学物質の環境・生体動態解析

人の生活やさまざまな産業活動を通じて環境中に放出される化学物質や放射性物質などの有害物質に起因する人の健康へのリスクや生態系へのリスク、環境負荷リスクを考えるうえで、一般的な工学システムのリスクとの違いに留意する必要がある。

例えば、航空機を例にとると、そのハザードは、航空機を利用する行為であり、リスクとしては、墜落による事故が想定される。航空機を利用した者が、そのタイミング、空間で、事故に遭うという点において、両者の間の時間的、空間的な因果関係は明白である。

一方、化学物質の曝露のリスクにおいて、例えば、ハザードとして、何らかの化学物質を使用している工場を想定してみる。この場合、従業人がその場で漏洩した化学物質に曝露されるリスクは、先程の航空機事故のリスクと同様に考えることができる。しかし、漏洩した化学物質が土壌に浸透し、地下水を汚染し、下流の井戸を利用した者が化学物質に曝露する場合は、ハザードとリスクの間の関係が複雑になる(**図表 6.1**)。つまり、両者の間には、環境が存在し、化学物質は環境中をゆっくりと広がりを持って移動していくことになるため、ハザードとリスクの間に、空間的、時間的な隔離が生じ、さまざまな物理・化学・生物学的なプロセスが介在することになる。

そのため、汚染が顕在化したときには、汚染源自体が存在しないケースや、化学物質の毒性が環境中で増加するケースなど、因果関係の立証が難しくなる。また、曝露濃度としては比較的低濃度である一方、曝露が長期間にわたるという点や、汚染が顕在化した時点では、その範囲が大きくなっており、効率的なリスクの除去、つまり、除染が難しいという点も特徴である。

このような化学物質によるリスクを定量的に評価するためには、**図表 6.2** にあげたように、ソースターム評価として、(潜在的な)汚染源において、どのような化学物質が、どのような化学形態で、どの程度の量使われ、それがどのように環境に放出されるのか理解したうえで、環境動態・物質輸送解析として、

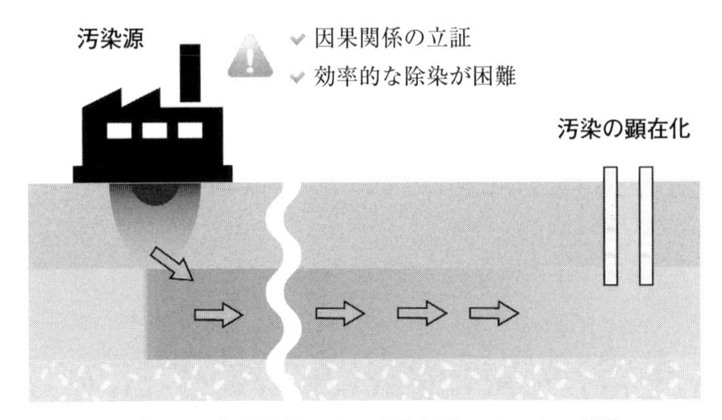

図表 6.1　化学物質による環境汚染のリスクの特徴

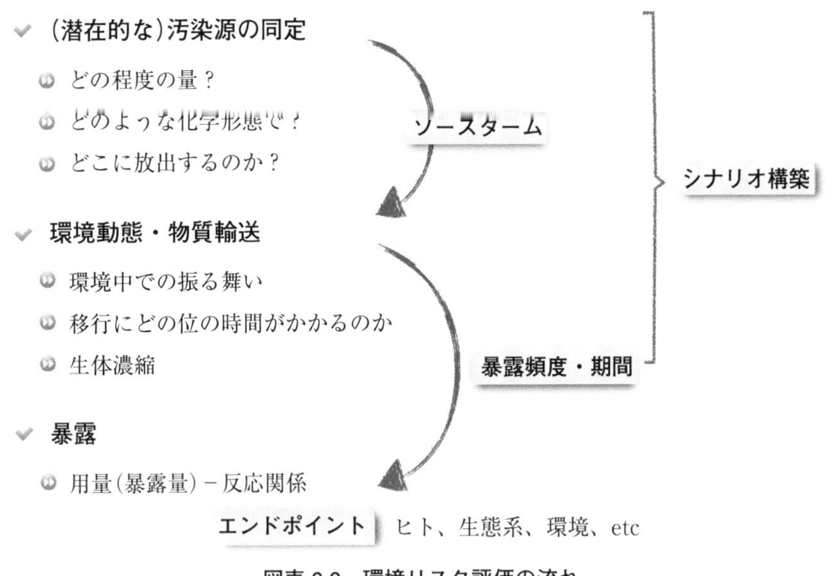

図表 6.2　環境リスク評価の流れ

環境中における対象化学物質の振る舞いを理解し、その移動時間から、評価点における曝露頻度や期間を求める必要がある。

そして、別途求めた評価対象(人や生態系など)に対する当該化学物質の曝露量と反応関係(**第7章**)から、その曝露によるリスクを評価することになる(曝露量評価)。このような一連の評価を環境リスク評価(**第8章**)と呼び、本章では、その内、化学物質の環境・生体動態解析を扱う。なお、なぜ人間社会の安心や安全を考えるうえで、環境リスクを認知しそれを評価して政策に反映していかなければならないかについては、別途成書を参考にしていただきたい[1-4]。

6.1　化学物質による環境汚染の実例

まずは、化学物質による環境汚染の実例をいくつかあげることで、そのリスクの特徴を改めて見ていきたい。

6.1.1　水銀汚染[5]

水銀は毒性の高い金属であり、わが国においても、水俣病として多くの被害をもたらし、公害が社会問題としてクローズアップされる発端となっている。

最初の水俣病の例は、アセトアルデヒドの製造時の製造の触媒として利用されていた無機水銀に起因する有機水銀(メチル水銀)による被害である。発生源における水銀の化学形と健康被害発現時の化学形が異なっていたうえに、当時、水銀を化学形別に分析する技術が未成熟であったため、因果関係の把握が難しかったとされている。

水銀の環境動態は複雑で、土壌や堆積物中で、金属水銀(Hg(0))は一部イオン化し(Hg^{2+})、さらに、微生物によって、有機化する(CH_3Hg^+、$(CH_3)_2Hg$)。水相中では、食物連鎖の中で、脂溶性の有機水銀は生体濃縮を受け、水生生物体内濃度が増加する。有機水銀は蒸気圧も大きく、大気に移行し、一部は、太陽光の紫外線によって金属水銀となり、陸上に沈着していく。

6.1.2　アジア地域におけるヒ素汚染[6]

南アジア、東南アジアの広範囲の地域で、地下水にヒ素による汚染が顕在化しており、WHO のヒ素の水質基準 10ppb(μg/L)を大きく超えてヒ素を含む地下水が見つかり、住民の間で、ヒ素中毒の症状が見られている。

2000年代以降、多くの研究がなされ、その結果、直接的な人為的汚染源はなく、ヒ素を吸着した鉱物(水酸化鉄、$Fe(OH)_3(s)$)が酸化条件の変化によって溶解し、大量のヒ素を放出し、それが地下水によって運ばれたことによるものとされている。これは、地下水利用の変化など、我々の活動が環境に影響を与え、汚染を間接的に誘発した例である。なお、わが国においても、低濃度のヒ素が井戸水から検出されることがあるが、同様のメカニズムによるものと言える。

6.1.3　プルトニウムによる汚染[7]

核燃料物質であるプルトニウムは高度に規制された化学物質であるが、過去には、保管されていた廃液の漏洩や不注意な放出によって、土壌や水環境がプルトニウムによって汚染された例がある。

一例として、旧ソ連のマヤック再処理工場(原子炉で使用した後の燃料から化学的にウラン、プルトニウムを抽出する工場)では、地下水系にプルトニウムを含む廃液が排出されていた。

当時の化学者は、土壌を構成する鉱物へのプルトニウムの親和性が高いため、プルトニウムが土壌に吸着し、あまり移動しないと考えていた。約半世紀後、周辺の河川、地下水を対象とした、追跡調査がおこなわれたが、その結果、プルトニウムが4km下流で検出されている。これは、当初の予測を大きく上回る移動距離であった。詳細な分析から、プルトニウムが鉄を主成分とするナノメートルサイズの微小な粒子に取り込まれ、移動していたことが明らかになっている。

これは、化学形の変化(この場合は、微粒子への取り込み)によって、環境動態が大きく変化した例である。

6.1.4　マイクロプラスチックによる汚染[8][9]

近年、大量に製造・消費されたプラスチック製品が適切に処分、リサイクルされず、環境、特に、海洋に放出され、微細化すること5mm以下のマイクロプラスチックとして海洋中を移動していることが注目されている。特に、アジア諸国が主要な排出国で、世界の排出量の70%を占めるとの報告もある。

しかし、我々がどの程度マイクロプラスチックに曝露されているかはよくわかっていない。例えば、韓国の研究グループは、市場に出回っている海塩、岩塩、湖塩に含まれるマイクロプラスチックの量を調べたところ、海塩には、最大13,629個/kgのマイクロプラスチックが見つかった。3種類の塩の中で、最大であり、特に、アジア諸国の海塩に、比較的高濃度で含まれていたと報告している。一方、マイクロプラスチックの環境濃度は、プランクトンや小魚などの水生生物に対して影響を与える得る量と比べると十分小さく、低濃度の長期曝露という難しい問題をはらんでいる。

6.2　環境動態

6.2.1　化学物質の環境への放出と分配

環境中で化学物質は流体、つまり、大気、および、水によって、駆動される。

したがって、ソースターム評価では、対象となる化学物質がどのように使用され、どの程度の量、気相、水相に放出されるか、理解する必要がある。これは一種の散逸過程であり、化学物質の状態（液体、固体、気体）と環境に応じて、**図表6.3**のように分類される。

特に、蒸発（昇華）は揮発性有害物質の散逸過程の内、最も重要なプロセスである。分配後の化学物質の濃度を考えるうえで、蒸気圧や溶解度などの熱力学パラメータが必要であり、データベースから参照するか、必要に応じて、別途評価する必要がある。また、環境の温度や交換可能頻度、つまり、気相であれば、換気頻度、水であれば、流量など、化学物質の使用条件にかかわる情報も求められる。

一度、大気、水環境に放出された化学物質は、環境を構成する相間を移動し

図表6.3　環境への化学物質の分配

化学物質の状態	環境	散逸過程	熱力学パラメータ
液体	大気（気相）	蒸発	蒸気圧
固体	大気（気相）	昇華	蒸気圧
気体	大気（気相）	混合	—
液体	水（液相）	溶解、混合	溶解度
固体	水（液相）	溶解	溶解度
気体	水（液相）	溶解	溶解度

ていく。これも一種の分配現象であり、相としては、上述した大気、水に加えて、土壌や岩石などの固相もかかわる。また、互いに混合しない液相、つまり、水と油など、も独立した相となる。相間での物質の分配を**図表6.4**にまとめた。

液相－気相間での物質の分配、つまり、溶解とその逆過程としての蒸発はヘンリー則

$$H = \frac{p}{c_w} \tag{6.1}$$

に従う。ここで、p は気相中での化学物質の分圧、c_w は水相中で濃度、H はヘンリー定数($atm\ m^3\ mol^{-1}$)である。また、気相、あるいは、液相から固相への分配は吸着であり、逆過程は脱離(脱着)である。吸着脱離にはさまざまなモデルが提案されており、吸着等温線や環境化学、地球化学の分野で用いられるイオン交換モデル、表面錯生成モデルなどの平衡論的な取り扱いから、速度論的な取り扱いまでさまざまなモデルがある[10]。

吸着等温式は、平衡時の液相中の化学物質の濃度 c_w(mol/L)と吸着量 c_s(mol/Kg)を数学的に表現したもので、ラングミュアの式(**式6.2**)やフロインドリッヒの式(**式6.3**)などがある。前者は、化学的に均質な吸着サイトと化学物質の間の1：1の反応にもとづくもので、後者は吸着サイトの不均質性を仮定し、主に土壌化学の分野で用いられている。

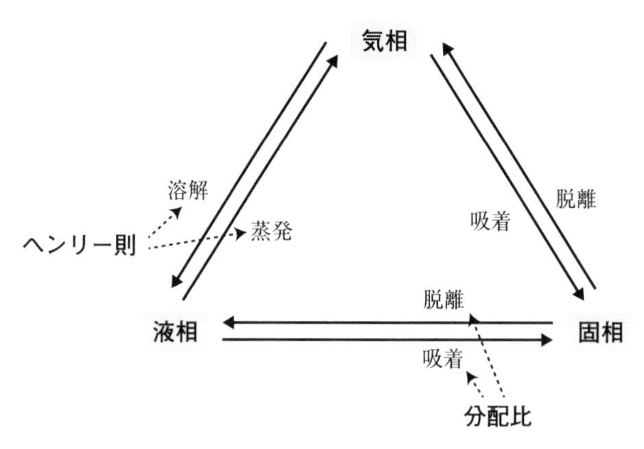

図表6.4　環境を構成する相間での物質の分配

$$c_s = \frac{AK_{\mathrm{L}} c_{\mathrm{aq}}}{1 + K_L c_{\mathrm{aq}}} \tag{6.2}$$

$$c_s = K_F c_{\mathrm{aq}}^n \tag{6.3}$$

ここで、K_L、K_F は吸着サイトと化学物質間の親和性を表す定数であり、A はサイト密度(mol/Kg)、n は吸着サイトのサイト不均質性に起因する親和定数の幅にかかわるパラメータである。なお、式 6.2、式 6.3 では、化学物質の液相濃度と吸着量に非線形の関係があり、後述する物質輸送を考えるうえで複雑になる。そこで、より単純で汎用性が高い取り扱いとして、吸着脱離を分配比 K_d を用いて表すモデルである。

$$K_d = \frac{c_{\mathrm{S}}}{c_{\mathrm{w}}} \tag{6.4}$$

分配比は、吸着脱離に瞬時平衡が成り立ち、相間の濃度の間に線形の関係が成り立つとするもので、吸着サイトの飽和はなく、ラングミュアの式やフロインドリッヒの式など、より複雑な吸着モデルの近似と見なすことができる。なお、分配比は厳密には熱力学定数ではなく、溶液の pH などの環境条件に依存することから、注意する必要がある。**図表 6.5** に、3 つの吸着等温式を比較したグラフを示す。

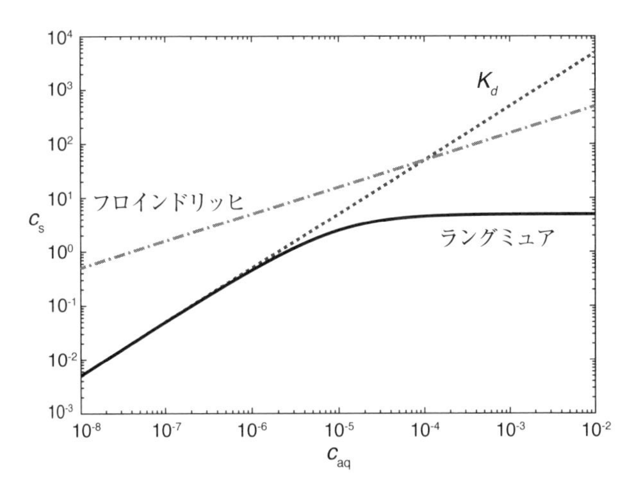

図表 6.5 ラングミュア、フロインドリッヒ、K_d モデルの比較

6.2.2　化学物質の環境動態

環境中に放出された化学物質は、環境を構成する成分と反応を繰り返しながら、移動していく。比較的濃度が低く、希薄な、大気環境では、6.1.1 項の水銀の例のような光化学反応が重要となる。

一方、水環境や土壌環境、地下環境では、水相中の配位子(炭酸イオンやカルボキシル基などを持つ有機物)や固相として存在する鉱物、微生物との地球化学反応が重要となる。

このような地球化学反応の結果、化学物質は異なる化学形を持つようになり、その分布を化学種分布と呼ぶ。化学物の移動性や反応性、生体への取り込まれやすさ(生物学的利用能)は化学形に依存することから、環境動態を考えるうえで、化学種分布の理解が重要となる(図表 6.6)。

6.2.3　土壌の構成成分と吸着反応

土壌は、鉱物と有機物からなる土壌固相と流体で物質輸送を担う土壌溶液(液相)からなり、特に、地下水面より上部の不飽和帯であれば、土壌気体(気相)も含む、2 相、あるいは、3 相系である(図表 6.7)。

土壌固相は無機物としての土壌鉱物であり、一次鉱物である石英、長石、雲母、二次鉱物である粘土鉱物や炭酸塩などが含まれている。また、土壌鉱物は、サイズにもとづいて、粒径 2mm 以上の砂利、2mm ～ 50 μm の砂、50

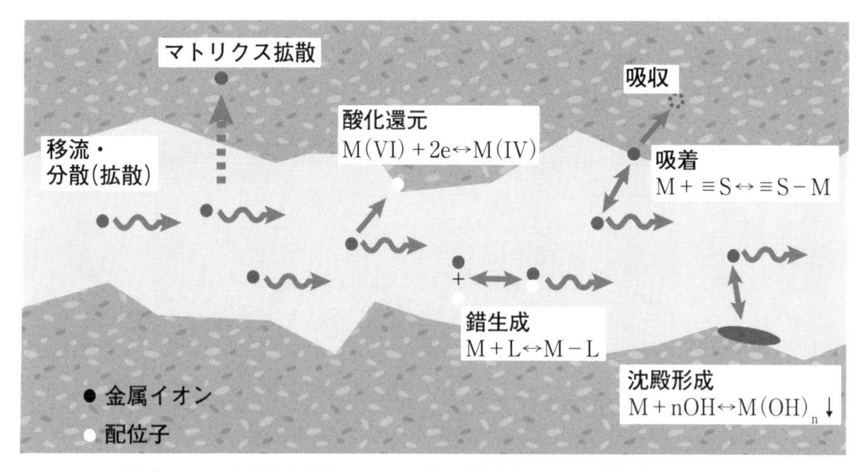

図表 6.6　水相と固相からなる地下環境中での地球化学反応の例

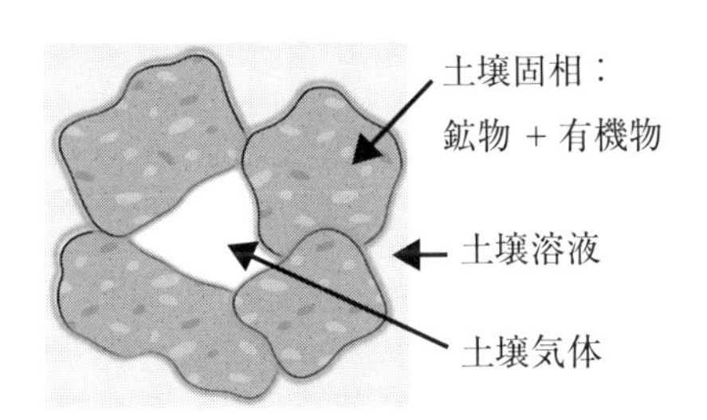

図表 6.7 土壌環境の構成成分の概念図

2μmのシルト、2μm以下の粘土に分類される。

土壌鉱物表面は、元々、固相内部で飽和していた化学結合の一部が切れているおり、化学的に活性である。酸化物の場合、鉱物表面の酸素($\equiv S-O^-$)はエネルギー的に不安定で、液相のpHに応じて、共存するプロトロン(H^+)と、$\equiv S-O^- + H^+ \rightleftharpoons \equiv S-OH^0$、$\equiv S-OH + H^+ \rightleftharpoons \equiv S-OH_2^+$、のように反応していく。この様に、土壌鉱物は液相条件に依存した電荷、変異荷電、を持つ。

また、土壌中の粘土鉱物の一部では、鉱物を構成するSiO_4がAlO_4によって置換される、あるいは、AlO_6がMgO_6によって置換されていることがある。このような置換現象は、一種の固溶体反応であり、同型置換と呼ばれ、Si^{4+}とAl^{3+}、Al^{3+}とMg^{2+}の電荷の違いによって、同型置換によって、粘土鉱物内部には、液相のpHに依存しない負電荷(永久荷電)が生じる。**図表 6.8** に、スメクタイトと呼ばれる粘土鉱物の変異荷電と永久荷電の模式図を示す。

粘土鉱物では、このような永久荷電となる負電荷を中和するために、構造内に交換性の陽イオンを取り込んでいる。

化学物質は化学的に活性な鉱物表面に吸着する。特に、金属イオン(M^{z+})の場合、上述した表面水酸基と表面錯体を形成し、吸着する(**図表 6.9**)。

$$\equiv S-O^- + Mz+ \rightleftharpoons \equiv S-O-M^{(z-1)+} \tag{6.5}$$

この反応は上述したH^+並の吸着反応との競合関係になり、金属イオン(陽イオン)の鉱物への吸着はpHの増加(つまり、H^+の活量の低下)とともに、増加する。一方、硫酸イオンやカルボキシル基などのH^+解離性の官能基を有する有機物の場合、表面酸素を置き換えることで吸着することから(配位子交換反応)、その吸着量はpHの増加とともに減少する。

$$\equiv S-OH + A^{z-} + H^+ \rightleftharpoons \equiv S-A^{(z-1)-} + H_2O \tag{6.6}$$

上述したように、一部の粘土鉱物は同型置換によって負の永久荷電を有して

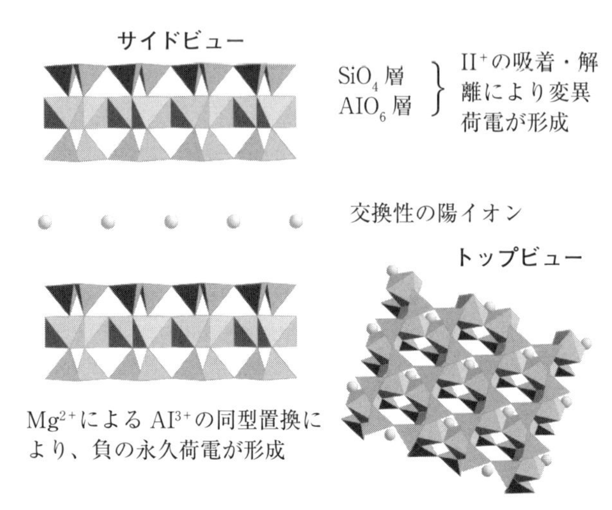

図表 6.8　粘土鉱物の構造と変異荷電、永久荷電

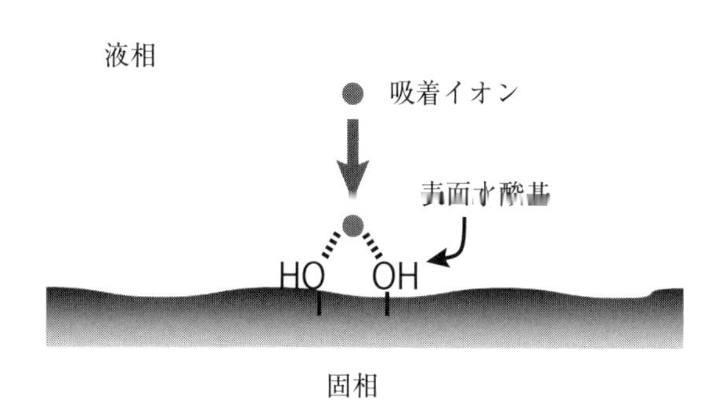

図表 6.9　表面錯体形成反応の概念図

おり、その電荷を中和するために、対イオンを内部の取り込む。正に帯電した化学物質のイオンの場合、そのような元々存在する対イオンを置き換えることで、鉱物内部に取り込まれる。このプロセスは、基準となる対イオン(下の例では、Na^+)とのイオン交換反応

$$zX - Na^{+} + M^{z+} \rightleftarrows Xz - Mz^{+} + zNa^{+}$$

と見なすことができ、選択係数(イオン交換係数)を用いて定量的に評価できる。

$$K_{M/Na} = \frac{[X_z - M^{z+}][Na^+]}{[X - Na^+]^2[Mz^+]} \quad (6.7)$$

式6.7からもわかるように、イオン交換反応は共存する対イオン濃度に依存し、対イオン濃度が低いほど、吸着量は大きくなる。このように、鉱物は金属イオンやH^+解離性の官能基を有する有機物を表面錯体形成やイオン交換反応によって、吸着する。これらのプロセス以外にも、疎水性の化学物質は疎水性相互作用によって、鉱物表面に吸着する。

土壌中には、さまざまな天然有機物も含まれている。特に、動植物の遺骸が分解縮合する過程で生成する腐植物質は不均質な高分子電解質であり、その炭素骨格上に多数のカルボキシル基や水酸基を有しており、金属イオンと結合することで、その動態を変える。また、土壌中には、微生物も含まれており、化学物質はその外表面の官能基に結合することで、吸着される。

また、微生物は、その代謝の過程で、化学物質を体内取り込み、分解したり(異化反応)、酸化還元に寄与したりする。この点を積極的に利用し、汚染環境中に在来の微生物を活性化させ、化学物質を無害化する除染方法(バイオリメディエーション)も考案されている[11]。

6.3 物質輸送

汚染源から環境中に放出された化学物質は、**6.2.2項**、**6.2.3項**で述べたさまざま地球化学プロセスによって、その動態を変化させながら、環境中を移行していく。ここでは、環境を、化学物質が移動する“場”とみなして、その輸送現象を見ていく。

6.3.1 化学物質の移動としての環境

環境は、大別すると、大気圏、水圏、岩石圏、土壌からなる。土壌は岩石の上部にある風化を受け、有機物に富んだ不飽和な層である(**図表6.10**)。

水圏は、海洋、河川、湖沼が含まれる。我々が暮らす地表は生物圏と呼ばれる。これらの異なる環境は互いに接続されており、ある環境に放出された化学物質は別の環境に移動していく。これは、大気に放出された化学物質が降雨によって地表に沈着し、土壌に浸透し、地下水とともに、岩石圏に至る、あるいは、河川によって、海洋に至るなどの例からも理解できる。

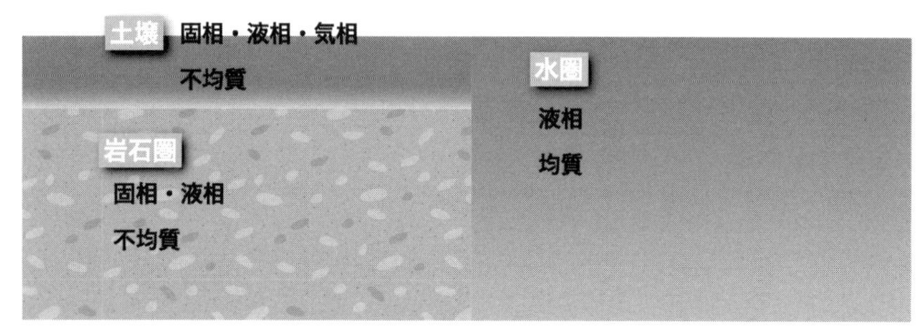

図表 6.10 環境を構成するコンパートメントの考え方

このような異なる環境は一種の区画(コンパートメント)として考えることができ、コンパートメント間での化学物質のやり取りを、物質移行係数(mol/s)を通して記述する(コンパートメントモデル)。最も単純なコンパートメントモデルでは，コンパートメントは均質であるとされ、化学物質は 6.2 節であげたさまざまな地球化学プロセスで、その動態を変え、一部は分解され、次のコンパートメントに渡される。

6.3.2　地圏、水圏における物質移動

コンパートメントモデルは異なる環境を単純化し、内部でのプロセスを一種の反応器として、速度論的、あるいは、平衡論的に扱うことで、物質の環境中での移行を取り扱うことができる。一方、環境は本質的に不均質であり、また、コンパートメントを構成する 1 つの環境内部にも、化学物質の濃度や動態には分布が生じる。そのような場合、物質の移動を明示的に考慮し、地球化学プロセスと連成させて、動態評価を行うことが必要になる。

地圏(岩石圏、土壌)や水圏では、化学物質の移動は移動相である水によって駆動される。水相での物質輸送は、移流、拡散、分散によって、記述できる。移流は媒体(この場合は水)の移動による輸送であり、そのフラックス J(mol/m^2/s)は、化学物質の濃度 c (mol/m^3) と水相の流速 v (m/s)を用いて、

$$J = cv \tag{6.8}$$

と表すことができる(**図表 6.11**)。

地表近くの土壌では、v は降雨量や土壌の間隙率や飽和度に依存する。一方、地下水面より下の地圏では、v、地下水の流速は岩石の透水性と空隙率に加え、地下水のポテンシャル勾配によって決まる。これは、ダルシー則として知られ、

$$q = -K\frac{dh}{dx} \tag{6.9}$$

と表される。ここで、q は比流速、あるいは、ダルシー流速と呼ばれ、流れの方向に垂直な単位断面積を単位時間に流れる水の体積であり、実流速 v とは、$v = q / \varepsilon$ の関係にある(ε は空隙率)。**式 6.9** で、K は透水係数であり、砂では $2 \times 10^{-7 \sim -6} \times 10^{-3}$m/s、粘土では $8 \times 10^{-13 \sim -5} \times 10^{-9}$m/s となる。また、$h$ は全水頭と呼ばれ、基準面に対する地下水位によって決まる位置水頭と、被圧された地下水の場合は、圧力水頭によって決まる。

つまり、地下水は、全水頭というポテンシャルの勾配(動水勾配)に応じて、高い所から低い所へ流れ、その際の抵抗(の逆数)が透水係数であると考えることができる。実際、被圧されていない地下水では、地下水は地下水面の高い所から低い所へ流れる。

拡散は、化学物質が、水分子のランダムな熱運動による輸送であり、水中に滴下されたインクの広がりのように、濃度勾配が打ち消されるように物質が移動する。拡散によるフラックスは、フィックの法則により、

$$J = -D_m\frac{dc}{dx} \tag{6.10}$$

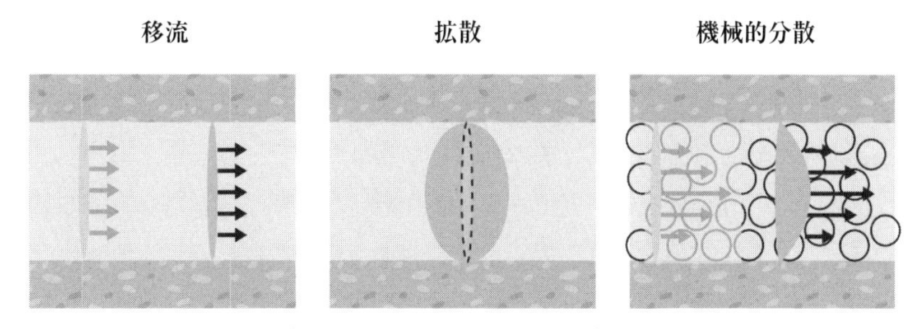

図表 6.11　地圏での物質移動プロセス

となる。ここで、D_{m} は分子拡散係数で、比較的小さな分子、イオンで、$10^{-9} \sim 10^{-10}\,\mathrm{m^2/s}$ である。

分散は地圏に特有の物質輸送であり、流路の不均質性のために、化学物質の混合が進み、濃度プロファイルが広がる現象である。分散の程度は分散係数 D_h を用いて、**式 6.10** と同様の形で表される。このような定義上、分散は対象とする媒体のスケールやそこでの不均質性、また、地下水流速にも依存する。

6.3.3　移流拡散(分散)方程式

地圏、水圏での物質移動は、**6.3.2 項**で述べた 3 つのプロセスに従い、移流拡散(分散)方程式で表される。

$$\frac{dc}{dt} = -v\frac{dc}{dx} + D\frac{\partial^2 c}{\partial x^2} + s \tag{6.11}$$

分散の影響がない場合、$D = D_m$ となり、地圏のように分散が無視できない場合、$D = D_m + D_h$ となる。ここで、s は反応による対象化学物質の消失や生成を表す項であり、放射性崩壊などの物理的な消失過程も含まれる。なお、地圏を構成する鉱物や有機物への吸着による化学物質の固定化は、吸着量が水相濃度に比例する場合(式 6.4 の K_d モデル)、遅延係数 R を用いて、

$$\frac{dc}{dt} = \frac{1}{R}\left(-v\frac{\partial c}{\partial x} + D\frac{\partial^2 c}{\partial x^2} + s\right) \tag{6.12}$$

$$R = 1 + \frac{K_d \rho}{\epsilon} \tag{6.13}$$

と表される。ここで、ρ は岩石の密度である。**式 6.13** は、吸着によって化学物質の移動が R 倍遅れることを表し、線形吸着という近似にもとづくという限界はあるものの、物質移行の計算時に、吸着反応を明示的に解く必要が無いため、よく用いられる。

なお、これまで述べた地圏における物質輸送はイオンや分子を対象にしたものであり、その大きさは、流路に比べて十分小さいとされている。この大きさが無視できない場合、つまり、化学物質がナノ粒子のようなコロイドである場合、あるいは、化学物質が天然のコロイドに吸着して移動する場合、その移行は、イオン、分子の場合と比べて、大きく異なる。例えば、コロイドはその大きさのため、岩石の空隙、亀裂の内、小さいものの内部に侵入できず、比較的大きな流路を優先的に移動するため、その移行が分子、イオンと比べて速く

なるコロイド促進型輸送が知られている。**6.1 節**で述べたプルトニウムによる環境汚染の例は、そのようなコロイドによる物質輸送の例である。また、近年、我々の日常生活でも見かけるようになったナノ材料の中には、細胞膜を透過し、生物毒性を示すものもあるが、環境中でコロイドとして振る舞うことから、その環境動態が複雑になる[12]。

6.3.4　大気中での物質輸送

大気中での物質輸送は、**6.3.3 項**で述べた移流拡散に加えて、沈着が重要な役割を果たす。

沈着は、化学物質が大気中を降下し、地表に到達する現象であり、比較的大きな粒子が重力によって沈着する現象である乾性沈着と化学物質が雨や雪に汚染物が取り込まれ沈着する現象である湿性沈着の２種類がある。特に、雨や雪は大気からの化学物質の除去において重要な役割を果たすことが知られている。

第7章

毒性評価

今日われわれは何十万種類もの化学物質を開発し利用してきている。その結果として、我々は日常的に化学物質に曝されている。PRTR 制度に見られるように、生体に影響を及ぼし得る化学物質の環境への放出は管理されており、戦後から 1970 年代に見られたような比較的高い濃度の化学物質による健康影響、つまり、公害のような事例は、今日では減ってきている。

一方、比較的低濃度の化学物質に長期間曝されることによる健康影響やナノ材料のような新しいタイプの化学物質による将来の健康影響など、化学物質によるリスクは、不確実性や未来性を含み、ますますリスクマネジメントの範疇に含まれるようになってきている。

化学物質が生体影響は、毒物学、疫学の領域である。ここで、毒物学は、生体に対する化学物質の影響を、管理された条件下で、実験動物(細胞)を用いて調べる学問であり、一方、疫学は、生体に対する化学物質の影響を、実社会の特定の集団を対象に曝露とその影響の関係を調べることで明らかにする学問である。ともに、化学、物理、医学、生物学、人文社会科学にまたがる学際分野である。

毒物学の有名な言葉に、「あらゆる化学物質は毒である」(“The dose makes the poison.”)とあるように、そこでは、化学物質への曝露量と生体の反応を評価することが、化学物質の毒性を定量的に評価するうえでの出発点となる。

本章では、まず、いくつかの化学物質と人間や生物との相互作用について、その例を紹介したうえで、化学物質の体内動態、毒性試験について説明する。

7.1　化学物質と放射線の影響

7.1.1　化学物質と生体反応

(1)　DDT(Dichloro-Diphenyl-Trichloroethane)

DDT は、1874 年にドイツの化学者によって合成された。その後、1939 年にスイスのミューラー(H.P.Müller)によってDDTに殺虫効力があることが発見された。

DDTは、①安価である、②殺虫性が高い、③殺虫スペクトルが広い、④速効性が強い、⑤残留性が高い、⑥(当時は)人畜無害と考えられた、という殺虫剤としてはすばらしい特性を有していた。そのため、全世界で約300万トンが使用されたとされる。

DDTは、非水溶性のため容易に昆虫のワックス質の外膜を透過し、神経細胞と結合することができる。神経細胞がDDTと結合することにより、ナトリウムイオン(Na+)が通るイオンチャンネル(ion channel)が「開」のまま保持されることとなる。このことによって、昆虫は神経の無制限の刺激を受け続けることになり死にいたる。しかし、残留性が食物連鎖による生物濃縮につながる。

(2)　ダイオキシン

ダイオキシン類は環境ホルモン(外因性内分泌撹乱物質)とも呼ばれ、1990年代にその生体影響が注目された。

ダイオキシンはエストロゲン(estrogen)受容体には結合せず、それ自体の本来の役割はまだ十分にわかっていないアリルハイドロカーボン(arylhydrocarbon)受容体(Ah受容体)と結合する。

ダイオキシンとAh受容体の結合体は、エストロゲン二量体がエストロゲン応答配列に結合したり、RNAポリメラーゼ(polymerase)Ⅱを活性化させることを阻害したりすると考えられている。

(3)　金属

金属の中には、十分に供給されないと生体が生存できないが、過剰にあると毒性を発揮して生存できなくなるものがある。これらを必須元素という。

一方、非必須元素の金属は、その生体内濃度の増加にともない維持、成長する生体組織量は減少する。非必須元素の金属の例としては、カドミウム(Cd)、鉛(Pb)、水銀(Hg)などがあげられる。金属と人や生物との相互作用は、経口摂取なのか吸入摂取なのか、慢性曝露なのか急性曝露なのかなどによって異なり、毒性はさまざまである。ここでは代表的な毒性例を紹介するにとどめ、詳細は他の成書に譲る。

例えば、Cdは、腎臓でビタミンD活性化阻害したり、消化管でのカルシウム(Ca)吸収に及ぼす拮抗阻害を引き起こしたり、骨に直接作用することによるコラーゲン(collagen)代謝の阻害することが知られている。また、Pbは、ヘモグロビン(hemoglobin)のO2結合部位として働くポリフィリン(porphyrin)－鉄(Fe)錯体におけるポリフィリンへのFeの挿入阻害を引き起こしたり、電位依存型カルシウムチャンネルでのCaとの拮抗的取り込みによって、細胞内の情報伝達系への影響することが知られている。このように、非必須金属は、必須金属を阻害することで毒性を発揮している。

金属の毒性は、その化学形に大きく依存し、例えば、Hgの例では、無機水銀は：酵素などの生体内生理活性物質中に含まれるスルフヒドリル(sulfhydryl：SH)基側鎖との強い親和性を示し、毒性を発現するのに対して、メチル水銀は：発生、発育過程における中枢神経系障害を引き起こし、後者のほうが高い毒性を示す。また、クロム(Cr)の場合は、III価(Cr^{3+})は微量生体必須元素であるが、VI価クロム(クロム酸、CrO_4^{2-})は高い毒性を示す。

(4) 発がん物質

発がん物質の働きには次のがあると考えられる。

① 変異原物質としてDNA塩基などに突然変異を誘発する。

② 細胞分裂の速度を増加させるなどの促進効果

そして、変異原物質であるためには以下の2項目が必要条件である。

1) 求電子型反応を行う。

2) DNAの存在する細胞核に接近できる。

前者は、DNAの塩基が電子を多く有していることからの要求である。しかし、求電子型反応を行う物質そのものは、細胞核に接近する前に他の分子と相互作用するために、普通は変異原物質ではない。変異原物質はむしろ代謝によって生成されることがある。

生体は異物を除去する機能を有している。その1つは脂溶性有機物の水酸化である。しかし、ディーゼル排ガスなどに含まれるベンズアントラセン(benzanthracene)は、エポキシド(epoxide)中間体を経て水酸化される。このエポキシド中間体は細胞内部で生成する強力な求電子性物質であり、DNAと反応する機会が大きくがんを誘起すると考えられている。これら重金属や化学物質と人間や生物との相互作用については、極微量での発現の観察を必要とし、*in-vitro* 試験や *in-vivo* 試験を通してより効率的で精度の高い試験が行われる必要がある。

また今後は、揮発性有機化合物や残留性有機化合物が人および生物に及ぼす影響について、さらに理解を深める必要がある。

7.1.2　放射線と生体反応

放射線は化学物質ではないが、化学物質と同様に、その利用が我々の便益にもなれば(医療被ばく)、被ばく量によっては、生体に著しい害を及ぼす。放射線には、α 線や β 線などの粒子線と γ 線や X 線からなる電磁波があり、その高いエネルギーのため、物質を構成する化学結合を切断し、電離を引き起こすことができる(電離性放射線)。なお、γ 線や X 線は、ともに、比較的高いエネルギーの電磁波であり、その違いは、発生過程の違い、つまり、γ 線は原子核のエネルギー変化に起因し、X 線は電子のそれに起因する。ここでは、体の外に存在する、あるいは体内に取り込んだ放射性物質から放出される電離性放射線(以後、放射線)による生体への影響を紹介する[2]。

(1)　放射線影響の分類

放射線の人体への影響には確率的影響と確定的影響がある(図表 7.1)。確率的影響とは、具体的には悪性腫瘍と遺伝的影響のことである。影響の発生確率が放射線の被ばく線量に依存するとともに、発生確率と被ばく線量との間にはそれ以下では影響が生じないしきい値はないと考える。

一方、確定的影響とは、白内障や受胎能の低下、皮膚の損傷など、確率的影響以外の影響のことで、影響の重篤度が放射線の被ばく線量に依存するものである。確定的影響の発生確率と被ばく線量との間にはしきい値が存在する。

図表 7.1　放射線影響の分類

影響の種類	線量に依存するもの	しきい値	主な影響
確率的影響	影響の発生確率	なし	悪性腫瘍、 遺伝的影響
確定的影響	影響の重篤度	あり	白内障、受胎能の低下、 皮膚の損傷　など

(2) 放射線による DNA の損傷、突然変異

放射線は細胞中の水分子と相互作用して OH ラジカル(radical)を生成することがある。あるいは溶質分子と相互作用して生成した電子がさらに水分子と相互作用して OH ラジカルを生成したりする。このようにして生成した OH ラジカルが DNA と相互作用する。また溶質分子から生じた電子が DNA と相互作用することもある。

DNA の損傷パターンは 100 種類以上あるが、大きくは、次の 4 種類に分類される。

① 塩基損傷

② 塩基の遊離

③ 鎖切断

④ 架橋

損傷を受けた DNA と細胞死との関係には未だに不明な点が多い。ただし、DNA の 2 本鎖切断が細胞の致死に関係が深いという傾向が見られる。

細胞の致死には、1 細胞あたり 40 カ所程度の 2 本鎖切断が必要だといわれる。DNA の損傷箇所の大部分は修復されるが、わずかな割合で損傷が残りそれが蓄積される。損傷が DNA 複製を介して違う形の分子変化に固定されたり、損傷が誤った修復を受けたりすることで細胞死に至ると推定される。

細胞が変異原に曝されない場合、1 回の分裂あたりに発生する自然の突然異は、1 塩基について 10^{-9} ～ 10^{-10} 程度と小さい。DNA の変化としての突然変異には、塩基の置換、フレームシフト(frame shift)、欠失などがある。突然変異の多くは、1 個の塩基が他の塩基に置き換わったり、欠失したり、挿入されたりする点突然変異である。このうちある塩基が他の塩基に置き換わるものを塩基の置換という。塩基の置換が起こることで、コドン(codon)が変化して別のアミノ酸の情報になったり、コドンが終止コドンに変化することでタンパク質合成がそこで終了してしまったりする。

フレームシフトとは、1 ～数塩基が欠失されたり挿入されたりすることをいう。これによって、フレームシフトが発生した箇所より後ろの塩基配列のコドンがずれてしまう。無関係なアミノ酸配列情報になったり、タンパク質合成が終了したりすることになる。塩基配列の一部や DNA のかなりの部分を失うものを欠失という。放射線による突然変異は、DNA の欠失など大きな変化によるものとされる。これは、点突然変異原としては比較的弱い変異原であると考

えられている。

細胞の増殖に関与する遺伝子が突然変異を起こし、遺伝子機能が活性化されて細胞をがん化させる場合、これをがん遺伝子と呼ぶ。一方、突然変異により遺伝子機能が不活性化されて細胞をがん化させる場合、これをがん抑制遺伝子と呼ぶ。有害物質には、DNA の損傷を介してがん関連遺伝子に突然変異を誘起し、がんを発生させるものがある。

(3)　放射線による DNA の損傷、突然変異

放射線によるがん治療は、放射線によりがん細胞を死に至らしめる行為である。全身急性被ばくによる個体の死は幹細胞の死による。また、生殖細胞や体細胞の突然変異や悪性形質転換が放射線による遺伝的影響や発がんと関係しているとされる。放射線と細胞の相互作用で重要なものは、細胞死と突然変異、染色体異常である。

①　細胞死

細胞が細胞分裂により増殖する場合、分裂から分裂までの１サイクルを細胞周期という。細胞周期は大きく分けて、DNA 複製期、分裂期、分裂期と DNA 複製期のあいだの G1 期、複製期と分裂期のあいだの G2 期から構成される。細胞の生存確率で考えた放射線から受ける影響は、G1 期から DNA 複製期への移行期および分裂期で感受性が高いといわれる。

細胞分裂と細胞分裂の間を間期ということから、放射線により細胞が間期の間に死にいたるとき、間期死と呼ぶ。リンパ球などは比較的少量の放射線により間期死を起こすのに対し、他の細胞では非常に大量の放射線により間期死にいたる。細胞分裂を起こして増殖している細胞が放射線を受けると、放射線照射後に１～数回分裂を行ったあと分裂を終了する。

②　突然変異

遺伝的影響では生殖細胞での突然変異が、また発がんでは体細胞の突然変異が重要な因子であると考えられている。放射線による曝露によって細胞が突然変異するためには、細胞が何回かの細胞分裂を繰り返す必要があり、その間に突然変異が固定されて発現することになる。

③　染色体異常

放射線への曝露によって染色体に異常が発現する。細胞周期のどの段階で曝露されたかによって、染色体型異常と染色分体型異常が見られる。

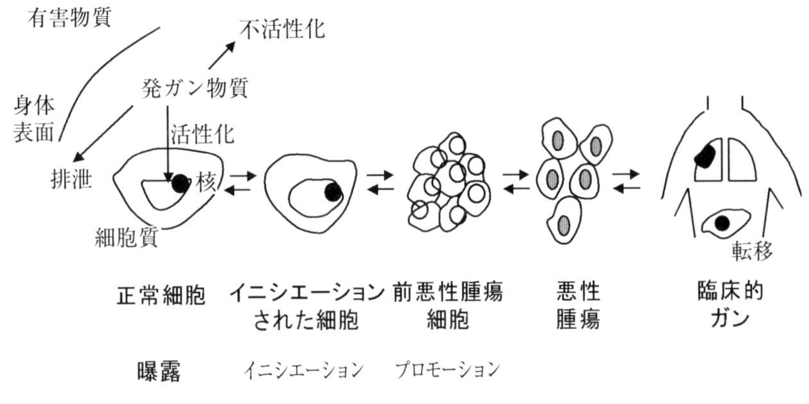

図表 7.2 多段階的発がん過程のイメージ

(4) 発がんと潜伏期

多段階的発がん過程のイメージを図表 7.2 に示す。

原爆被ばく者の疫学調査などから、白血病に関しては被ばく後 2 ～ 3 年で発症が有意になり、6 ～ 7 年でピークを迎えたのに対し、肺がんなどのその他のがんは、被ばく後 10 ～ 15 年経過してから有意になり、年とともに増加しつづけていることがわかっている。このことは、白血病以外のがんでは、がん好発年齢になってから発がんしていることを示している。これは、被ばくしたときに若かった人ほど潜伏期が長いことを意味する。

明確な原因は明らかになっていない。ただ、1 つの考え方として、白血病に関しては放射線の感受性が高く、イニシエーション(initiation)とプロモーション(promotion)が同時に起こっているのに対し、その他のがんではイニシエーションとしてのみ作用し、ほかの因子の蓄積などが必要なのではないかと考えられている。

7.2 生体内の物質動態モデルと蓄積量評価

7.2.1 化学物質の体内動態

生体、特に、人体への化学物質の影響を考える際には、化学物質の体内での動態を知る必要がある。これは、第 6 章で述べた、化学物質の環境動態の体内版とも言えるものであるが、代謝や蓄積など、生体の生理機能が大きくかかわる点が異なる。

化学物質の体内動態を考えるうえでの始点は、化学物質の取り込みである。生体は、化学物質をさまざまな経路で取り込むが、大別すると、経口摂取、経気道摂取、経皮摂取に大別できる。

また、医療目的では、化学物質、つまり、薬品を静脈注射によって、直接、体内に取り入れることもある。一旦、体内に入った化学物質の一部は、取り込み経路に応じて、胃や腸、肺、皮膚によって吸収され、全身に循環していき、残りは体外へ派出される。さらに、循環の過程で、一部は代謝され、別の物質へと化学形を変えるか、末梢組織や脂肪組織に蓄積される。そして、最終的に、分泌腺や腎臓、腸を介して、汗、尿として体外に排出される。

化学物質の脂肪組織への蓄積は、生体濃縮を引き起こし、食物連鎖の中で、高次生物への化学物質の影響を増幅することになるので、重要である。特に、疎水性の大きい有機物質ほどその傾向が大きい。これは、**6.2.1 項**で述べた一種の分配プロセスと見なすことができる。実際、外部水溶液中の化学物質の濃度 C_w と生体内濃度 corganism の比である、生体濃縮係数（BCF = C_w/Corganism）は、水と有機溶媒間の分配係数（特に、水－オクタノール間の分配係数がよく用いられる）の間に比例関係あることが知られている。

7.2.2　生理学的薬物動態モデル

7.2.1 項で説明した化学物質の体内動態は、組織、臓器をコンパートメントとみなし、コンパートメント間での化学物質の移動を考えることで、簡略化して捉えることができる。これは、**6.3.1 項**で触れたコンパートメントモデルの一種であり、生理学的薬物動態（PBPK）モデルと呼ばれる。

もっと単純なコンパートメントモデルは、単一の臓器に対して、一種類の流入と流出がある場合である（**図表 7.3**）。例えば、長期間の一定曝露によって、ある臓器内の化学物質の濃度が一定となっている場合（定常状態）、臓器に入る化学物質のフラックス F_{in} と出るフラックス F_{out} は、

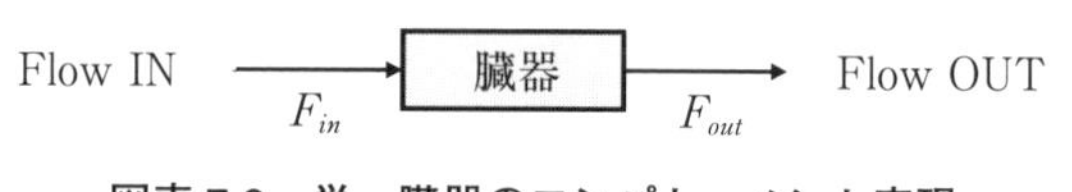

図表 7.3　単一臓器のコンパートメント表現

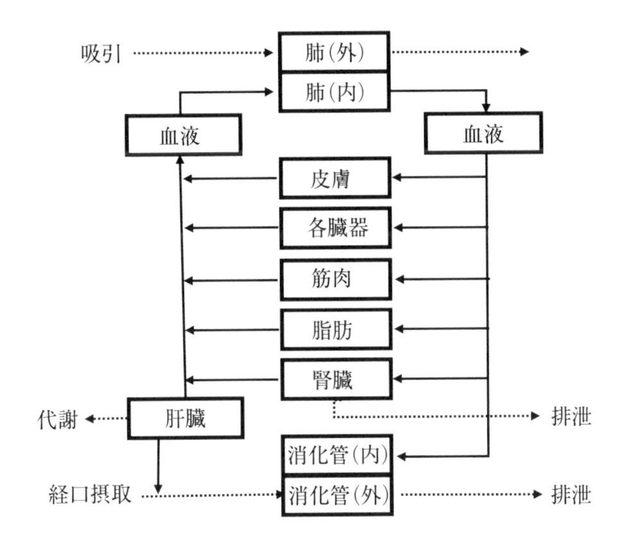

図表 7.4 化学物質の体内動態評価のためのコンパトーメントモデルの例

$$F_{in} = F_{out} \tag{7.1}$$

となる。一方、臓器内での代謝や蓄積によって、濃度が時間とともに変化する過渡状態の場合は、

$$\frac{dc}{dt} = F_{in} - F_{out} \tag{7.2}$$

となる。

このようなコンパトーメントを組み合わせることで、より複雑な生体内での化学物質の蓄積や排出をモデル化できる(**図表 7.4**)。

PBPK モデルの簡単な例を 2 つ示す。

(1) 定常モデル

PBPK モデル(定常モデル)の例を以下に示す。

① ラットを長期間化学物質 X に曝露させる：0.05 mg/day

② 数週間後、ラット体内の X の濃度は定常状態になった。

③ 10 % 消化器系を通り、吸収されずに体外へ排出されている。

④ 残りは血液中に吸収され、腎臓によって取り除かれ、体外へ排出される。

⑤　ラットの血液量は0.5 kgであり、腎臓1個の重量は5 g。

⑥　血液中のX濃度の測定値は1.11 mg/kgであり、腎臓にはその4倍濃度のXが蓄積している。

このような定常状態のPBPKモデルを**図表7.5**に示す。

となり、体内の化学物質Xの総量は、腎臓が2つあることに留意すると、約0.6 mgとなる。

(2)　過渡モデル

PBPKモデル(火とモデル)の例を以下に示す。

①　バリウムの毒性は細胞膜のK^+の流れを阻害することにより、急性中毒：0.2－0.5g。

致死量：1 g

②　Baは胃において血液へ全量吸収され、その吸収速度は排出速度と較べて十分早い。

③　毒性は血液中のBa濃度で決まる。血液量は5L。

④　人体はBaを、腎臓にて、血中濃度に比例した速度で排出される(k ＝ 0.007 min^{-1})

$$\frac{dc}{dt} = -kc_{\mathrm{blood}} \tag{7.3}$$

このような過渡状態のPBPKモデルは、**図表7.6**のようになる。

また、毒性は血中Ba濃度で決まることから、致死量、および、急性毒性に相当する血中Ba濃度は0.2、0.04 g/Lとなる。ここで、0.8 gのBaを摂取したとすると、血中濃度が急性中毒のレベルを下回るまでにどの位の時間を要するか考える。Baの吸収は速いので、Baの血中初期濃度、C_0、は0.16 g/Lとなり、**式(7.3)**を積分することで、Baの血中初期濃度が急性中毒のレベルを下回るまでに、約198分要することがわかる(**図表7.7**)。

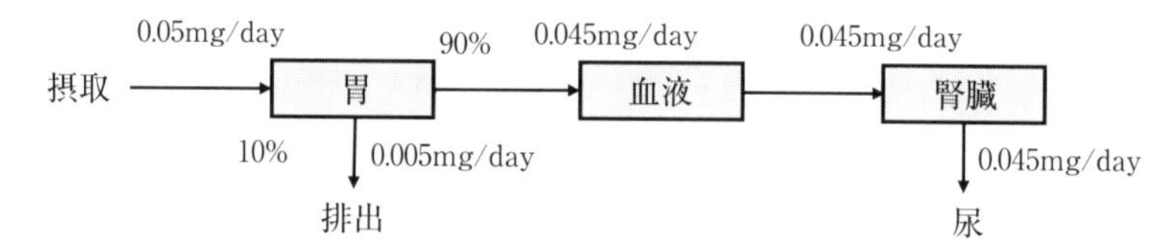

図表7.5　定常PBPKモデルの例

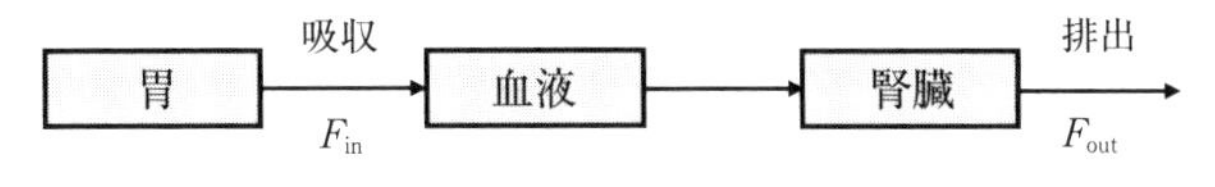

図表 7.6　過渡 PBPK モデルの例

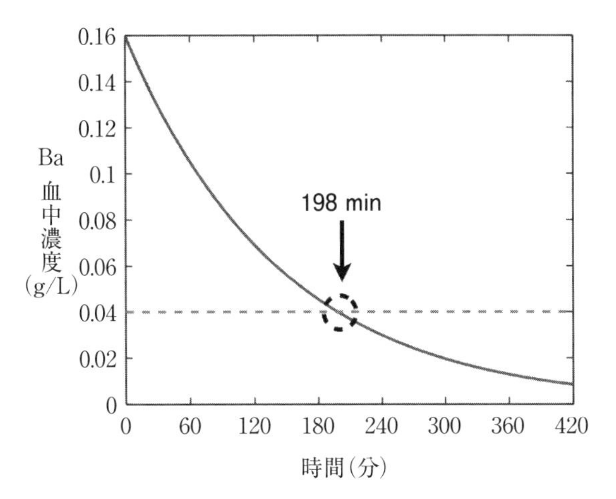

図表 7.7　Ba 血中濃度の時間変化

7.3　有害物質の毒性評価

本章の冒頭で述べたように、化学物質への曝露量と生体の反応を評価することが、毒性評価の基本となる。本節では、このような毒性試験の概要を説明する。

7.3.1　毒性試験 [3] [4]

マウスやラット、モルモットなどの実験動物を使用しての毒性評価試験が *in vivo* 試験である。毒性評価に関する試験方法には、慢性毒性試験、催奇形性試験、変異原性試験、がん原性試験などがある。化学物質の審査および製造等の規制に関する法律を中心とする法体系の中にその標準が示されている。例えば、新規の有害物質に対する毒性試験には、哺乳類を用いた 28 日間の反復投与毒性試験を含むスクリーニング試験がある。

in vitro 試験は、生体細胞や生体組織の一部やバクテリアなどの微生物によ

る生物応答を観察することで有害物質の毒性を評価する試験である。このため、吸収、分配、代謝、蓄積、排泄などに関する評価や、組織間あるいは臓器間の相互作用といった一連のプロセスの流れの評価には不適である。しかし、試験費用が安く、迅速かつ操作が容易である。そして、同一条件下における繰り返し試験や多数のサンプルを対象とした試験が可能となる。さらに、特定の組織や臓器への影響評価の基礎情報が入手可能で、人の細胞を用いることができる。また、倫理上も受容されやすい、などメリットも多い。

すなわち、*in vitro* 試験での毒性評価では、毒性を有するか否かを簡易かつ迅速に判定できるので、例えば変異原性試験での発がん物質のスクリーニングに利用することができる。そして、アルミニウムのように動物が体内に吸収しにくく、投与経路を変えても標的臓器を十分に曝露させられない物質の毒性評価では、*in vitro* 試験のみで毒性が評価される場合がある。

人への毒性評価という視点からは、人に類似した体内動態を示す動物を用いることが望ましいが、それは事実上不可能である。個々の反応のメカニズムや反応経路、反応速度などの情報は *in vivo* 試験では取得困難なのである。人由来の細胞や生体組織を利用した *in vitro* 試験を精緻に行うことで、有害物質の人体内での動態解明が進められる。

環境試料中には、未知の有害物質を含むさまざまな有害物質が混在していると考えるべきであり、未知の有害物質も含めての環境中の毒性を速やかに一括して評価できることに環境リスク評価ならびにマネジメント上の意義がある。そして、相対的に毒性の高い環境が特定されれば、*in vitro* 試験によりその原因物質を調査し、あわせて、毒性低減技術の有効性、妥当性の評価にも利用されることになる。

なお、有害物質によるリスク評価やリスクマネジメントにおいて、*in vivo* 試験ならびに *in vitro* 試験は、それぞれの特徴に応じて適切に利用されるべきであるが、同時に両者を併用することで評価結果の信頼性や精度の向上にも資することがある。毒性評価計画設計時に考慮されるべきである。

なお、ここで説明した毒性試験の分類は環境化学、毒物学の分野におけるもので、分子生物学では、培養細胞を用いた試験を *in vivo* 試験と、細胞から取り出した細胞内器官を用いた試験を *in vitro* 試験と呼ぶので、注意されたい。

7.3.2　曝露量－反応の関係

毒性試験の目的は、曝露量(薬品の場合は用量)と反応(response)の関係から、さまざまな毒性指標を決めることにある。そのため、毒性試験の結果をさまざまなモデル(**図表 7.8**)に当てはめていくことになる[5]。最も単純なモデルは線形モデル(**図表 7.8**(a))であり、低曝露量域において用いられる。一方、**図表 7.8**(b)、(c)は、それぞれ、経年劣化曲線、学習曲線に相当するもので、前者は曝露量の増加に伴い影響が発散する場合、後者は何らかの防衛メカニズムによって耐性ができる場合である。化学物質の生体影響では、低曝露量域に、しきい値が存在する、つまり、何らかの防衛メカニズムによって、曝露量が一定程度にならないと反応が発現しない場合がある。そのような場合は、しきい値ありの線形モデル(**図表 7.8**(d))やしきい値と反応の飽和の両方を考慮できるシグモイド曲線、ロジスティック曲線(**図表 7.8**(e))が用いられる。

ロジスティック曲線は、微生物の増殖モデルとしても用いられるものであり、得られた毒性試験の結果に、以下のロジット変換を施し、線形回帰することで得られる。

$$\mathrm{logit}(r) = \ln \frac{r}{1-r} = \alpha + \beta x \qquad (7.4)$$

ここで、r は反応の程度、x は曝露量である。このような logit 法以外にも、

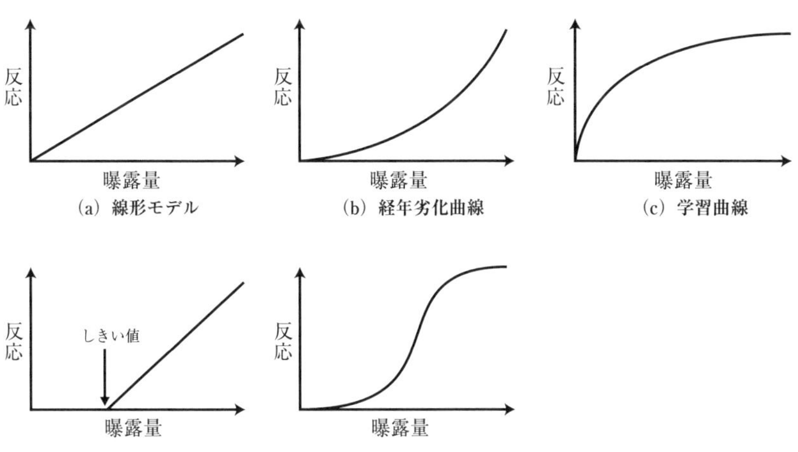

図表 7.8　毒性試験結果の評価に用いられるモデル

累積正規分布への回帰である probit 法もよく用いられる。

$$r = \int_{-\infty}^{\infty} = \frac{1}{\sqrt{2\pi\sigma^2}} \exp\left(-\frac{(x-\mu)^2}{2\sigma^2}\right) dx \tag{7.5}$$

7.3.3　毒性試験と毒性指標

これまでに説明したような毒性試験の結果から、曝露量(用量)－反応関係が取得され、適当な回帰モデルを当てはめることにで、毒性指標が得られる(**図7.8**)。

一般に、特定臓器への影響、神経疾患、免疫疾患、行動異常疾患などについては、それよりも低い用量(摂取量、曝露量)であれば健康影響が生じないとする「しきい値」が存在すると考え、その重篤度が反応として用いられる。一方、発がんと遺伝的影響については、そのしきい値が存在しないと安全側に考えて、リスク評価が行われる。この場合の反応は、発生確率(発がん確率など)になる。

(1)　急性毒性

急性毒性とは、有害物質に一回だけ、あるいは短期間だけ曝露されたときに、比較的早期に観察される健康への悪影響をいう

急性毒性に対する健康影響指標としては、死亡を反応として考えた場合、半数致死量(LD_{50})が用いられる(**図表7.9**)。これは試験に用いられた動物の半数を致死させる曝露量である。半数致死量は、一般には mg/kg などのように動物の体重 1kg あたりの有害物質の曝露量で表記される。なお大気中濃度のように、用量として mg という絶対値ではなく、濃度で表記される場合もあり、その場合は半数致死濃度と呼ぶ。

(2)　亜急性毒性、慢性毒性

われわれの日常生活の中では、毎日少量ずつ有害物質に曝露されるという形態も重要となる。そのような場合の健康への影響としては亜急性毒性や慢性毒性がある。

亜急性毒性とは、実験動物に連続して有害物質を曝露する試験で、慢性毒性試験に比較して短期間で現れる健康影響をいう。曝露期間は 1 週間程度から 12 カ月未満が一般的である。

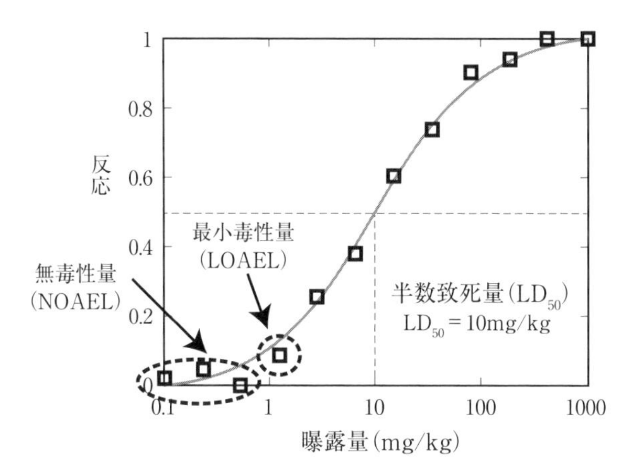

図表 7.9 *in-vivo* 急性毒性試験の結果の例

慢性毒性とは、長期間曝露または繰返し曝露によって現れる健康影響をいい、１回または短時間曝露の急性毒性や期間の比較的短い亜急性毒性と対比して用いられる。

これらに対する健康影響指標として、無影響量(No Observed Effect Level：NOEL)と最小影響量(Lowest Observed Effect Level：LOEL)、ならびに無毒性量(No Observed Adverse Effect Level：NOAEL)と最小毒性量(Lowest Observed Adverse Effect Level：LOAEL)がある(**図表 7.9**)。前者は便益を期待する薬品に用いられる量であり、後者は便益を期待しない化学物質に用いられる量である。

(3) 刺激性・感作性、免疫毒性

化学物質のよる生体障害で普通に最も一般的行われている試験であり、眼や皮膚の刺激、アレルギー性などの反応が観察される。以前は、ウサギを使った試験などが行われていたが、現在は、鶏胚や培養細胞を用いた試験で代用されている。免疫系への影響に対しては、細胞・分子レベルでのさまざまな試験が開発されている。

(4) 発がんの毒性指標(図表 7.10)

上述したように、遺伝毒性を持つ発がん物質には、しきい値がないと仮定さ

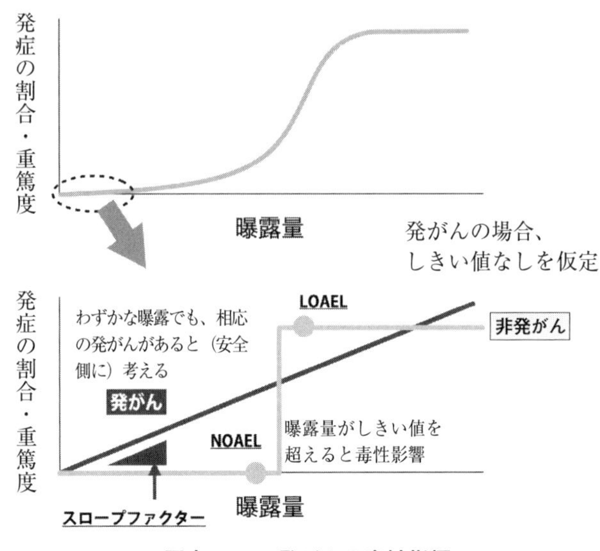

図表 7.10　発がんの毒性指標

れ、発症の割合(確率)がとられる。

慢性毒性のようにしきい値を考える場合は、LOAEL や NOAEL が影響の有無を考えるうえで重要な指標になるが、発がんの毒性指標としては、低曝露量域に、線形モデルを過程した際の傾きが重要な指標となる。これはスロープファクターとも呼ばれ、１日あたり、体重１kg あたり、１mg の有害物質を生涯にわたって摂取した場合の過剰発がんリスクに相当する。他にも、発がん性を有する有害物質に生涯曝露されたときの発がん確率の媒体中の、単位濃度(大気中の有害物質の吸引曝露では１μg/m^3、飲料水などの摂取曝露では１μg/L)あたりの値であるユニットリスクや発がんデータにおいて５%の腫瘍発生率となる用量に相当する発がんポテンシーが用いられる。

7.3.4　毒性試験の注意点

(1)　実験動物を用いた *in vivo* 試験

実験動物を用いた *in vivo* 試験を行ううえで、そして、得られた結果を化学物質のリスク情報として活用するうえで、注意すべき点がいくつかある。

まず、試験は化学物質への曝露以外の要因の影響を可能な限り減らすために、周囲の環境を一定に保ち、一定の方法で飼育された実験動物を用いて行われる必要がある。

また、用いられる実験動物も可能な限り均質なものである必要があり、この点で、遺伝的に均質なラット、マウスが用いられることが多い。しかし、その場合でも、性差やその他の固体差は避けられず、統計的に有意な結果を得るためには、一定数の固体を用いた試験を設計する必要がある。特にこの点は、低曝露量における影響など、影響の程度が小さい、あるいは、発現の頻度が低い場合、問題となる。また、反応の程度をみるために、意図的に、対象化学物質に耐性の低い固体が選ばれる場合もあるので、注意が必要である。

(2) 種間外挿

そして、何より、最終的な目的である人間への影響を考えるうえでは、常に、実験動物を用いた *in vivo* 試験の結果を外挿すること(種間外挿)になるので、注意が必要である。

種間外挿では、体重にもとづく外挿が最も一般的な外挿法であるが、経皮摂取の場合は、体表面積(体重 $^{2/3}$ に比例)にもとづく外挿が用いられる。また、米国環境保護庁(EPA)は、多くの研究データにもとづき、体重 $^{3/4}$ にもとづく外挿を推奨している。さらに、より厳密な外挿が必要な場合、化学物質ごとに、動物と人間の吸収率の違い、体内分布の違い、代謝速度の違い、毒性を生じる臓器の感受性の違いなどを考慮する必要がある。一方、経験的な外挿法として、動物から人間への種間外挿に安全係数10が用いられる場合もある、

また、発がん試験では、通常、低濃度の化学物質に長期間曝露された場合の発がんが問題となる。このような場合、低曝露量域での発がん率は、他のリスク要因の影響を受け、誤差が生じる。そのため、試験結果そのものではなく、モデル回帰の95%信頼幅の上側を用いる場合がある。また、求めたい低曝露量域では、データが得られていない(明確な発がん率の上昇が認められない)場合もあり、その場合は、低曝露量域に線形外挿することになる(低用量外挿)。

7.4 疫学による毒性評価

上述した *in vivo* 試験や *in vitro* 試験は、人そのものの健康を対象とした試験ではない。その試験結果と人の健康への具体的な影響とを結びつけるところに、種の差や試験管結果と人という生体生命システムとの差という壁がある。

確かに、少人数のボランティアによる人への曝露実験という試験も行われたことがあるが精度などの問題を有する。このような中で、人の集団を対象として、原因の分布と結果(健康影響)の分布とを調査し、その因果関係を明らかとすることで対策や政策に反映させる手法が疫学調査であり、分析疫学とも呼ばれる [5]。

7.4.1　疫学調査

疫学のデザインには、大きく分類して以下の 3 つがある。

(1)　コホート研究(図表 7.11)

集団を曝露されているグループと曝露されていないグループに分け、一定期間追跡調査を行う。曝露グループと非曝露グループの中で影響を受けた人がそれぞれどの程度存在するのかを調べる方法がコホート研究である。長期間にわたり、曝露グループならびに非曝露グループの両集団を追跡調査する必要がある。またどちらのグループに対しても比較的大きな調査対象人数が必要となる。

例えば、発がんについてのコホート研究では、5,000 人～ 1 万人規模の集団に対して、20 年程度の追跡調査が必要とされる。コホート研究には、発病があったのかを調査する後ろ向き研究と将来に発病があるのか調査する前向き研究(追跡調査)がある。被爆者を対象とした健康影響調査は前者に相当する。

(2)　ケースコントロール研究(図表 7.12)

ケースコントロール研究は、結果対照研究、あるいは、患者(症例)対照研究とも呼ばれる。集団を調査対象となっている健康影響を生じているグループ(ケース)と、健康影響を生じていないグループ(コントロール)に分け、時間を

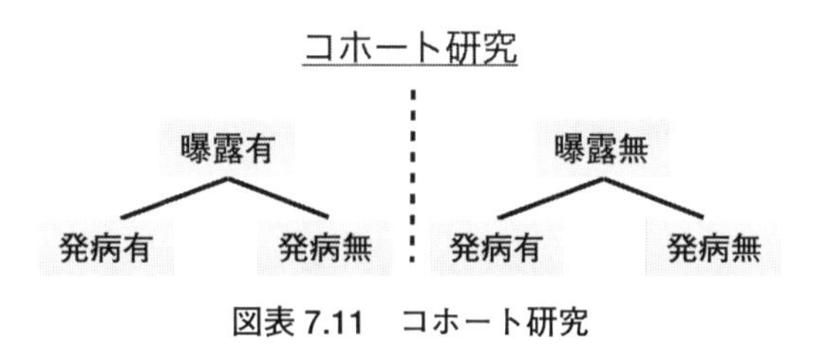

図表 7.11　コホート研究

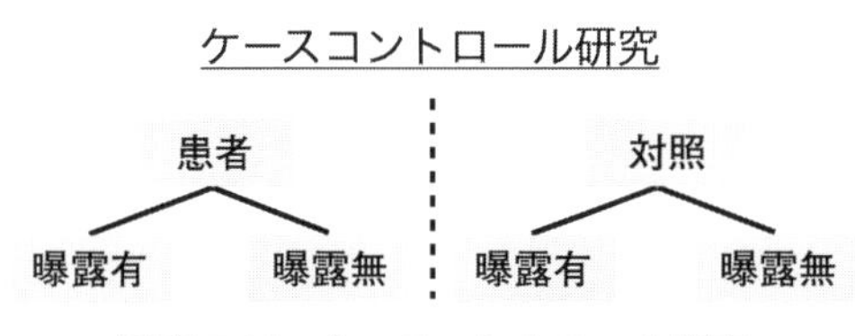

図表 7.12 ケースコントロール研究

過去に遡って調査を行い、ケースグループの中で過去に曝露のあった人と曝露のなかった人がどの程度存在し、またコントロールグループの中でも過去に曝露のあった人と曝露のなかった人がどの程度存在するのかを調べる方法である。この方法では、特にコントロールグループの設定がきわめて重要となる。

(3) 断面研究

断面研究は、調査票や検診票による調査を行い、ある任意の時期(一般には調査したとき)の健康状態とそのときの曝露濃度との関係を調べる方法である。現状把握や問題解決のための仮説設定に利用される。

疫学調査の結果は、クロス表(**図表 7.13**)の作成に帰着する。疫学調査の結果から、影響の有無を判断するためには、調査をしたい影響とは何かをきちんと定義づけておくことが重要である。それとともに、調査結果が曝露による影響であるのかどうか、また曝露がどの程度影響を与えているのかを評価するための指標を決める必要がある。

この指標として、コホート研究結果からは、曝露 Gr での影響発生割合と非曝露 Gr での影響発生割合の比であるリスク比 R

$$R = \frac{\dfrac{a}{a+b}}{\dfrac{a}{a+b}} \tag{7.6}$$

によって議論されることがある。R が 1 に近いと曝露グループと非曝露グループの差はほとんどないが、1 よりも大きいと曝露による影響があると考えることができる。

一方、ケースコントロール研究ではオッズ比 f

図表 7.13　クロス表

	影響あり 患者	影響なし 対象
曝露あり	a	b
曝露なし	c	d

$$f = \frac{\dfrac{a}{c}}{\dfrac{b}{d}} \tag{7.7}$$

が利用されることがある。

7.4.2　疫学調査とバイアス

疫学調査結果を解析し解釈するにあたっては、妥当性と再現性に留意を要する。妥当性とは、調査したい事象を正しく調査しているのかどうかという概念である。妥当性は曝露の有無や健康影響の有無を正しく調査しているのかどうかという測定の妥当性と、得られた調査結果が他の集団にも適用できるのかどうかという研究の妥当性から構成される[7]。

再現性とは、繰り返し調査を行った場合にも同じ結果が得られるのかどうかという概念である。妥当性が小さい場合はバイアスが生じていると考えられる。また、再現性が悪い場合は誤差が生じていると考えられる。誤差は統計学の対象となるが、バイアスは統計学の対象ではなく、以下の 3 種類から構成される[7]。

(1)　代表性バイアス

選択バイアスとも呼ばれる。調査する集団に偏りがある場合に生じるバイアスで、本当に知りたい集団ではない集団について調査を行ってしまう場合などがこれに相当する。

例えば、アンケート調査で回答の高い回収率を期待して、入院患者を対象として調査が行われる場合がこれにあたる。

(2)　情報バイアス

データの収集で適用される方法や手法に偏りがある場合に生じるバイアスをいう。喫煙の健康影響調査にあたって、健康影響が発生している人のほうに喫煙習慣などを詳しく質問するような場合がこれにあたる。

(3)　交絡

非曝露グループが、曝露を受けなかった場合の曝露グループと等価ではない場合に交絡が発生する。すなわち、ある化学物質に曝露された集団の個人は、同時に、他のさまざまなストレスに曝されている可能性がある。

交絡の発生を防止するためには、計画段階で調整を行うことが望ましいが、調査の現実性を確保するためには必ずしも計画段階での調整が可能であるとは限らない。そのため、調査結果の解析段階で調整することも行われる。

例えば、「調査対象の集団の年齢構成が基準として設定する集団と同じであったと仮定した場合に、健康影響はどの程度になるか」を年齢層に応じ比例則で評価する。これは性別構成の差異についても適用可能である。

なお、バイアスではないが、疫学調査の結果から、因果関係を推定する場合にも注意が必要となる。つまり、疫学調査、特に、コホート研究では、その性質上、厳密な意味で、因果関係を実証することが難しく、毒性試験との併用が重要となる。

第8章

化学物質による環境リスク

8.1　化学物質の環境影響

20世紀に発生した公害と比較して21世紀の環境問題には次の①～⑤のような特徴があり、これまでの法規制では対応できなくなりつつある。

① 絶対安全はない。

② 1つひとつはきわめて小さい危険であるが、さまざまな因子から複合的な影響を受ける。

③ 原料の生産から輸送、使用、処理、廃棄にいたるまで、すべての工程での環境影響を考慮することが求められている。

④ 予測をともない、不確かさと付き合わなければならない。

⑤ 一方でのリスクの低減が他方でリスクの増加を引き起こす(リスクトレードオフ)。

このような状況に応える指標、考え方が環境リスクという概念である。

8.1.1　ハザード、リスク、エンドポイント

環境リスクを考える場合のハザード(hazard)とは、1つの有害物質がそれ単独で単位量(1mol、1gなど)だけあるとき、その単位量の有害物質が強い毒性を示すかどうかを表現するものである。毒性が強ければハザードは高いとされる。

一方、リスク(risk)はハザードとは違う。ハザードがきわめて高い有害物質が存在したとしても、われわれは環境中においてその有害物質にほとんど曝露されていないかもしれない。あるいは、ハザードは小さいかもしれないが、ある有害物質に大量に曝露されているかもしれない。このようなとき、われわれの健康に本当に悪影響を及ぼしているのはどちらであろうか。この判断を与えるものがリスクである。

$$\text{リスク} = \text{生起確率(頻度・曝露量)} \times \text{ハザード} \quad (8.1)$$

すなわち、環境リスクとは、環境にとって不都合なでき事の発生確率とその影響の積と考えることができる。この「不都合なでき事」をエンドポイントと呼ぶ。したがって、環境リスクは、「エンドポイント 1 単位あたりの影響の大きさ」と「発生確率」の積として求められる。環境リスクを評価するためには、エンドポイントを適切に決定することがきわめて重要である。エンドポイントを決定するためには、以下の 4 つの条件が必須であるとされる。

① エンドポイントを避けたいと多くの人が共通に認識できること
② エンドポイントを避けることが、人の健康への影響や生態系への影響を避けるために重要であること
③ エンドポイントの測定や予測ができること
④ 解決したい問題に対して敏感であること

なお、エンドポイントとして「発がん」を設定したとき、しばしば発生確率だけで評価されることがある。「発がん」の影響に対して国民の間で一定の共通認識があると思われるためである。

8.1.2　発がんリスク

既述したように、発がん影響にはしきい値は存在せず、わずかな曝露量によってもそれに対応するだけの発がんの影響があると考える。発がんリスクについては、疫学調査や動物実験、構造や物理的、化学的特性が類似する有害物質に関するデータベースなどから定性的には評価することができる。一方、例えば発がんポテンシーが評価されている有害物質については、

$$発がんリスク = (曝露量) \times (発がんポテンシー) \tag{8.2}$$

により定量的に発がんのリスクを評価することができる。なお、ここでいう発がんリスクとは、対象とする有害物質に生涯曝露されたとしたときの生涯の間に発がんに至る確率と考える。

式(8.2)で使用する曝露量の値は、長期間での平均値などを適用することが適切である。発がんポテンシーやユニットリスク、スロープファクターについては、例えば EPA によるデータベース IRIS（Integrated Risk Information System）[1] などにまとめられている。これらのデータベースは今後も整備され充実されていくものと期待される。

ある着目する集団における生涯の発がん件数や年間の発がん件数も、この生涯発がんリスクから見積もることができる。

$$着目集団における生涯の発がん件数=(生涯発がんリスク)\times(集団の人口) \quad (8.3)$$

$$着目集団における年間の発がん件数=(生涯の発がん件数)\div(集団の平均寿命) \quad (8.4)$$

また、複数の発がん物質に曝露される場合は

$$総発ガンリスク=\sum_{i=1}^{n}(発がんリスク)i \quad (8.5)$$

と個々の有害物質による発がんリスクの総和という形で評価することができる。

8.1.3 非がんリスク

発がんおよび遺伝的影響以外の健康影響(本章では非がんリスクと総称する)については、曝露量(用量)－反応関係でしきい値が存在すると考える。そのため、リスク評価やリスクマネジメントでは曝露量がしきい値を超えるか否かに関心が集まる。

しきい値が真の意味で存在するのかどうかについては試験数や誤差などの関係から証明することは困難である。また健康影響への作用メカニズムから証明することも困難である。

したがって、これまでNOAEL(無毒性量：No Observed Adverse Effect Level)をしきい値の指標と考えることが一般的であった。しかし、NOAELはあくまで試験に供した動物数に制限がある。また、試験において設定された用量、曝露量の中で有害な影響が見られない最大量でしかないなどの問題があることも事実である。

さらに、曝露量(用量)－反応関係の取得にあたって、以下のような疑問に十分に答えられるのか否かという課題もある。

① 疫学調査結果を一般に普遍化するための必要十分性

② 人と動物で対象となっている有害物質への感受性や標的臓器、発生する健康影響の種類などが異なる可能性

③ 曝露量(用量)－反応関係のもととなる疫学調査や動物実験そのものの妥当性

④ 調査や試験時に着目していなかった健康影響の見落としの可能性

これらのことから、現実には、安全係数(SF)という概念を導入して、1日摂

取許容量(Acceptable Daily Intake：ADI)が設定されることになる。

$$\mathrm{ADI} = \frac{\mathrm{NOAEL}}{\mathrm{SF}} \tag{8.6}$$

このとき、ADIやNOAELとして体重あたりの摂取量、曝露量(mg/kg/d)という単位が使用されることが多い。ここで導入した安全係数には、一般的には経験値として10という値が適用されることが多い。しかし、さまざまな不確かさに応じて適切な値が適用されることがあってもよい。

なお、ADIのほかに1日耐用用量(Tolerable Daily Intake：TDI)という指標もある。ADIが食品添加物などのようにある便益を期待して使用される物質に対して適用される指標であるのに対して、TDIはダイオキシン類のように直接の便益を期待していない有害物質に対して適用される指標である。

非がんリスクの評価では、ハザード比(Hazard Quotient: HQ)

$$\mathrm{HQ} = \frac{\mathrm{Exposure}}{\mathrm{ADI}} \tag{8.7}$$

が使用されることが多く、HQが1よりも大きいか小さいかが判断基準となる。また、非がんの健康影響を誘発する有害物質iが複数個(n個)存在している場合には、ハザード指標(Hazard Index：HI)

$$\mathrm{HI} = \sum_{i=1}^{n} \mathrm{HQ}_i \tag{8.8}$$

が適用される。なお、タバコの煙のように組成が複雑で個々の成分ごとのリスクを個別に評価することが現実的ではない場合には、あたかも1種類の有害物質として取り扱ったほうが合理的である。

ただし、いまA、B、Cという3種類の有害物質を考える。Aによる健康影響は頭痛、Bによる健康影響は肝臓疾患、Cによる健康影響は中枢神経障害としたとき、HIの値がたとえ1未満で同じ値であったとしても、Aが多い場合とCが多い場合では意味が違う可能性がある。

すなわち、HQやHIはそのリスクがどの程度危険なのかを表現する指標ではなく、これらの指標でリスクの相互比較や費用対効果を議論することはできないことに注意しなければならない。また、HQやHIが1未満であればリスクは0であるという印象なり考えが存在するのも事実であり、この考えを乗り越える必要もある。

8.1.4　環境・食品基準

第7章、および、8.1.3項でも述べたように、化学物質のハザードは、動物実験によって無毒性量(NOAEL)の決定し、安全係数を考慮することで、ADIなどの指標が決められる。環境や食品に対する基準も同様にして決められており、例えば、ある化学物質40 mg/kgまでの投与では、マウスに影響は見られなかったとした場合、種間外挿と人間の個体差を考慮するための安全係数として、各10を採用すると、「動物に対する無毒性量の1/100までであれば、人間が摂取してもまず大丈夫であろう」となり、一日摂取許容量は0.4 mg/kgとなる。

また、水銀にかかわる基準は、水質基準 ≦ 0.5 ppb、排水基準 ≦ 5 ppb、魚介類 ≦ 400 ppbであるが、これは、次のように考えることができる。

①　WHOの見解では、水銀の最低発症例における摂取量0.25 mg/人・日(メチル水銀)であり、それに対して、
②　安全率10を採用　0.03 mg/人・日(安全側に、0.02 mg/人・日とする場合も)
③　日本人は平均約0.1 kgの魚を摂取　→　0.3 mg/kg = 300 ppbの魚
④　全水銀だと + 100 ppb →　400 ppb
⑤　生体濃縮は800倍(さまざまなデータより) 400 ppb/800 = 0.5 ppb(水質基準)
⑥　排水は概ね10倍は希釈される。5 ppb(排水基準)

このように、環境基準や食品基準は、動物実験の結果を元に、種々の安全係数を考慮して、設定されたもので、ある程度の安全裕度を備えていることになる。この点は、例えば、河川中の化学物質の濃度が水質基準を少し超えた際に、断水などの利用制限を課すべきかなどの判断において重要になる。

もちろん基準超過は問題であるが、断水によって、飲食店が営業できなくなり、家庭でも日常生活に支障をきたす。また、断水が長引けば、感染症などのリスクもあり得る。これは、典型的なリスクのトレードオフの問題であり、明快な答えがある訳ではないが、環境基準の成り立ちを知っておくことで、バランスの良い判断ができるものと言える。

8.1.5　リスク指標－損失余命とQALY

有害物質による人の健康への影響は発がんと非がんから構成される。リスクを評価しマネジメントする場合には、両者が統一された指標で表記されなければならない。現在、国際的にもまた国内法規制上にも適用される統一された指標は存在しないが、中西らによって「損失余命」が提案され[2]、世界レベルで認知される指標となりつつある。

中西や岡らによると、以下の①～③に鑑み、平均余命の短縮という形での評価指標の合理性のもと、それを損失余命と呼んでいる[2] [3]。

① 健康影響の中で最悪の状態は死亡である。死亡は多くの健康影響に共通して見られるため、死亡をエンドポイントとすることには合理性がある。

② 死亡のリスクは、例えば寿命を70年としたとき、70年間の中に均等に存在するのではなく、人生の後半に偏っていると考えるべきである。

③ 死亡のリスクは、リスクを負う人の年齢にも依存し、年齢が高いほどリスクは大きく、また人はそれを受け入れていると考えるべきである。

ただし、損失余命は統合指標の必要性に対する1つの解であって、そのほかの指標が提案されてもよい。

岡らによれば、x歳($x = 0$、1、…、$T-1$)での平均余命$L(x)$は

$$L(x) = \frac{\sum_{i=x}^{T-1} \frac{|S(i)+S(i+1)|}{2}}{S(x)} \tag{8.9}$$

と書くことができる[3]。ここで$S(i)$は同じ年に生まれた人の集団におけるi歳までの生存率を示す。また、同じ集団におけるi歳での年死亡率を$D(i)$とすると

$$S(0) = 1 \tag{8.10}$$

$$S(i) = \{1-D(i-1)\}\ S(i-1) \qquad i = 1、2、\cdots、T \tag{8.11}$$

で定義される。したがって、$D(i)$が決まると$L(x)$が決まる。有害物質に曝露されていないときの各年齢における死亡率に対応した各年齢での平均余命を$L_0(x)$とし、有害物質に曝露されているときの各年齢における死亡率(曝露されていないときの死亡率よりは大きくなっている)に対応した各年齢での平均余命を$L_1(x)$とすると、

$$x\text{歳での損失余命} = L_0(x) - L_1(x) \tag{8.12}$$

で与えられることになる。この考え方にもとづき、リスク評価対象としている集団の男女別年齢人口構成で重み付けを行い平均化することで、その集団での損失余命の平均値が評価できることになる。現実には、平均寿命の計算などに利用される年齢別の死亡率を表にした生命表が損失余命評価に利用される。損失余命は、有害物質に曝露されることによって死亡の年齢が早まることを生存時間の期待値の減少として表現したものと考えることができる。

蒲生らの研究によると、10^{-5}の生涯発がん確率は、約1時間(0.04日)の損失余命に相当し、疲労感は約1年の損失余命に相当することが明らかにされている[4]。

なお、**式(8.12)**から明らかなように、損失余命は$L_0(x)$、すなわち着目する有害物質に曝露されていない条件での死亡率に依存する。したがって、対象とする国や地域、時代などに依存する指標であることに注意を要する。

損失余命は、リスク評価、費用対効果分析、リスクマネジメント、それらによる政策決定に直接利用することができる定量的なリスク指標であり、より詳細には中西、蒲生、岡らによる研究論文や成書、ウェブサイトでの公開資料などを参考にされたい。

一方で、死亡という言葉で片づけてしまったリスクでも、例えば、重症の状態で死に至った場合と、慢性で徐々に死に至った場合では、意味が違うのではないかとの考えもある。このことから、生存期間中の「質」を反映させた指標としてQALY(Quality Adjusted Life-Year)という指標の提案もなされている[3]。ある有害物質の曝露下における生存期間中の生活の質はQOL(Quality Of Life)と呼ばれ、0から1の間の値をとる。0は死亡と等価で、1は健康な状態に対応する。QOLが0.5の状態で10年生きることと、QOLが1の状態で5年生きることはともにQALYが5年で等価とする考え方である。QOLは、本人などへのアンケート調査などから決定されたり、政策決定の段階で政策決定者の判断で決定されることになることから、主観的な指標とも考えることができる。

8.1.6　リスク許容水準に関する考え方

これまでの説明からもわかるように、毒性試験の結果にもとづくさまざまな基準やリスク指標は、日常生活における我々の意思決定や国や自治体による政策決定に用いられる。

その場合、重要になるのがリスク許容水準に関する考え方である。これには、大別して、2つの考え方がある。等リスク原則では、一定のリスク水準を定め、それを超えるリスクを削減する。これは、例えば、飲料水の発がんリスク< 10^{-5}/生涯となるように、水質基準を決めるなどの場合が相当する。

一方、リスク便益原則に従えば、相対的な対策優先度を決定し、リスクあたりの便益が低いリスクから削減することや、リスクあたりの便益が絶対値として非常に大きいリスクの削減は控えるなどの対策があり得る。これは便益リスク(B/R)比として、

$$B/R = \frac{[\text{リスクを負うことで得られる便益}]}{[\text{負うことになるリスク}]} \tag{8.13}$$

あるいは、

$$B/R = \frac{[\text{リスク削減に要するコスト}]}{[\text{削減されるリスク}]} \tag{8.14}$$

として表される。分母となるリスクの単位は、人命1人あたりであったり、損失余命1年あたりであったりする。

8.2　生態系への影響

最近は、有害物質からの影響について、人の健康への影響ばかりではなく、生態系への影響や地球環境負荷という視点からのリスク評価にも人々の関心が集まるようになってきた。例えば、高レベル放射性廃棄物の最終処分の評価においても、以前は人の被ばく線量だけがリスク評価として実施されていたが[5]、最近は地球環境負荷評価の必要性が指摘されている[6]。ただ、地球環境負荷とは何かという定義やその指標がまだ十分には議論されてはいない。したがって、ここでは最近急速に研究が進展してきている生態系への影響について紹介する[7][8]。

8.2.1　生態系のリスク評価におけるエンドポイント

生態系のリスク評価に必要なエンドポイントの設定にあたっては、人の健康影響のエンドポイント設定と同様に生態系の特質を明確に表現したものである必要がある。同時に以下の2点に留意を要する。

(1) 生態系の階層のどの部分に着目すべきか

生態系では、個体＜個体群＜群集＜生態系という階層が形成されていると考えられる。個々の生物個体ごとにリスク評価、リスクマネジメントを実施することは非現実的である。また自然界は食物連鎖の中で成立していることや、下位階層でしか観察されない影響よりもより上位階層で観察される影響のほうが重要である。

したがって、一般には個体群以上の階層での生態系保全を図ることが合理的であると考えられる。もっとも、かつてのトキのように、絶滅が現実問題として危惧される場合などには個体階層での保護が適切である場合がある。

(2) どの生物種を選定するか

ある生物種への影響が、他の生物種にも大きな影響を与えるような生物種を選定する方が適切であろう。同時に、同じ栄養段階の生物で、有害物質からの影響により敏感な生物種を選定すべきである。また、われわれは、ついなじみのある生物、関心のある生物（ライオンやパンダ、オオタカなど）に眼を奪われがちである。しかし、生態系への影響に関するリスクマネジメントという目標に適した生物種を選定すべきである。この意味で、藻類は多くの国でエンドポイントの対象生物種に選定されている。

損失余命と同様に、生態系リスクのエンドポイント、リスク指標として完全な同意が得られているものは存在していない。しかし、中西らは生物集団の「絶滅確率」をエンドポイントとして提案している[7]。絶滅確率は個体群階層のエンドポイントとなる。

8.2.2 生態系の影響リスク評価方法－絶滅確率以外の評価

中西らによって野生生物集団の絶滅確率がエンドポイントとして提案されているが[8]、それまで広く合意されるエンドポイントは設定されていなかった。生態系への影響リスクは、これまでどのように考えられてきたのか。生態系においては、曝露経路や曝露量、曝露によって生物がどのような影響を受けるのかなどに関するデータを必ずしも十分にそろえることができるとは限らない。このため、生態系への影響のリスクを推定する方法には、測定や分析、取得可能データなどの現実に応じていくつかの方法が考えられている。

(1)　専門家判断

曝露量やそれによる生物影響に関する定量的なデータがほとんど入手できない場合、スクリーニングの実施や対策の優先順位決定などのために専門家の判断にもとづいて決定する。

(2)　フィールド観察

調査対象の生物に具体的にどのような変化(影響)が生じているのかをフィールドで実際に観察する。生物が生息する環境中の有害物質濃度の分析も同時に進めることで、変化の現実を知ることができる反面、観察結果の代表性について検討が必要となる

(3)　ハザード比

人の非がんリスクの項で紹介したように、ハザード比 HQ を用いて推定することも可能である。HQ を適用するときの注意点は、人の非がんリスクの場合と同じである。また、HQ を用いたリスク推定は個体階層でのリスク推定になることから、その適用にあたっての限界には留意する必要がある。

(4)　モデルによる推定

着目する生物の個体群あるいは生態系に対しての方法である。個体群では生物の生態特性、有害物質による曝露量、個体の個体群間の移動可能性などを表すパラメータを用いて、個体数の変動を表現するモデルを構築することで、リスクの推定に利用する。生態系では食物連鎖、生物濃縮、種間の競争などの相互作用、有害物質のほか重要な物質の生態系内での循環などを考慮したモデルを構築して、リスクの推定が行われる。

モデルであるため、さまざまなシナリオに対して柔軟に対応できる。また、将来予測も可能となる。しかし、モデルやデータの不確かさの問題に注意するとともに、評価対象生物の真の生態動態をリスク評価、リスクマネジメントを行うという目的に対してどこまで正確にモデル化できるのかを理解しておく必要がある。このモデルの構築にあたっては、決定論的なモデルではなく、さまざまなデータに分布を考慮する確率論的なモデルでアプローチすることも可能である。

8.3　環境リスク評価

8.3.1　環境リスク評価の流れ

図表6.2で説明したように、発生源(ソースターム)における化学物質の放出量を決め、環境中での動態を考えることで、対象における曝露量の推定が可能になる。また、別途、同区性試験の結果から、対象となる曝露量と反応の関係を決めておくことで、エンドポイントでのリスク評価が可能となる。ここでは、前節のモデルによる環境リスク推定を説明する(**図表8.1**)。

(1)　Step 1：シナリオの決定

環境リスク評価は曝露に至るシナリオ、および、対象となるエンドポイントの選択から始まる。また、評価が対象となる化学物質が実際に使われる前に行われる場合もあり、そのような場合は、ソースターム、つまり、対象となる化学物質の種類や発生量、場所も仮定する必要がある。

さらに、**6.3.1項**で述べたように、環境は異なる相から構成され、相互に連結されていることから、曝露経路についても、複数想定できる。

また、人間の活動も幅を持ち、そのライフスタイルによって、環境を介した

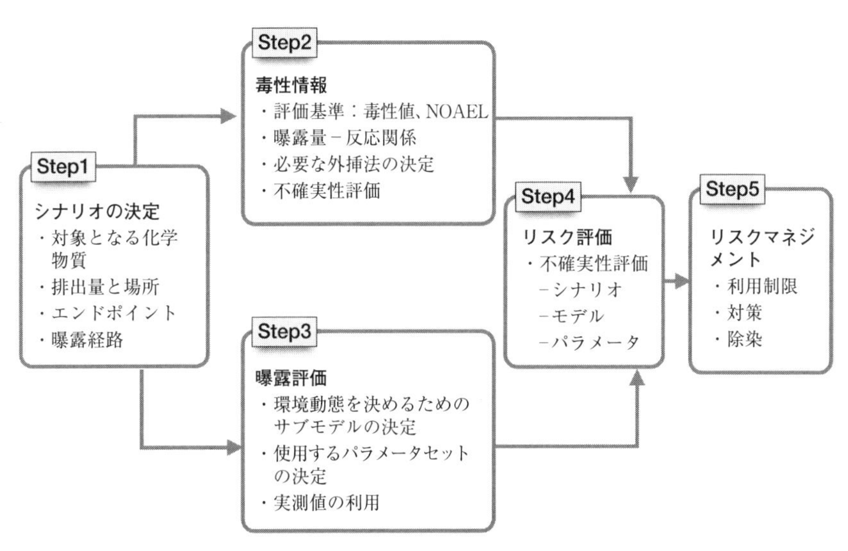

図表8.1　環境リスク評価の流れ

化学物質への曝露も幅を持つ。これらは、評価におけるシナリオとなる。すべてのシナリオを網羅することは現実的でないため、シナリオを、蓋然性や重要度、類似性から、分類し、代表的なものを選択肢、実際の評価を行う必要がある。

(2)　Step 2：毒性情報

曝露量－反応関係から、エンドポイントでの評価基準となる、毒性指標を検討する。既知の化学物質で、毒性情報がまとめられている場合は、データベースや文献値を参照できるが、新しい化学物質の場合は、毒性試験を行い曝露量－反応関係を決め、必要な外挿法や不確実性を踏まえた安全係数を決めていく（7.3 節参照）。

(3)　Step 3：曝露評価

ここでは、Step 1 の情報にもとづき、評価点での曝露量の推定を行う。そのために、対象となる環境中における化学物質の動態を決めるための地球化学モデルや物質移行を扱うための数学モデルを準備する必要がある（6.2 節、6.3 節、参照）。実際の計算を行う際には、モデルに入力するパラメータが必要になることから、別途の評価、あるいは、データベース、文献から収集することが必要になる。また、実際に、対象化学物質が環境中に放出されている場合は、対象環境から採取した試料の分析結果にもとづく実測値を使うことでもできる。例えば、土壌、地下環境の場合、地表からボーリング掘削を行い、地下水、ボーリングコアの分析を行うことになる。

(4)　Step 4：リスク評価

Step 1 ～ 3 の情報にもとづき、評価された曝露量と評価基準の比較から、リスクの評価を行う。その際、得られた結果が有する不確実性に留意する必要がある。不確実性評価については、後述する。

(5)　Step 5：リスクマネジメント

Step 4 の結果にもとづき、その化学物質の利用についての判断を行うステップである。例えば、利用制限を課したり、浄化工程を導入したり、代替品の利用を検討したりすることがあり得る。また、実際に汚染が顕在化している場合は、Step 3の結果にもとづき、汚染の範囲を考え、除染を検討することになる。

8.3.2　環境リスク評価における不確実性

環境リスク評価は、環境という多様かつ不均質な媒体を対象に、場合によっては、将来にかかわる評価を行うことから、その結果には、大きな不確実性が伴うことが通常である。評価の不果実性には、(1) モデルの不確実性、(2) シナリオの不確実性、(3) パラメータの不確実性がある。

(1)　モデルの不確実性

評価に用いるモデルは、環境中で化学物質がかかわるすべての現象を第一原理的に表現することはできず、何らかの近似が導入されている。これは得られた結果、つまり、化学物質の評価点への到達時間やそこでの濃度にバイアスとして作用する。

特に、環境中での物質移行評価では、環境動態評価と輸送計算において、複数のモデルが連動することになるので、不確実性の伝搬にも留意する必要がある。一方、毒性評価では、有害物質の体内動態の不確かさや、種間・低濃度外挿にかかわる不確かさがある。

(2)　シナリオの不確実性

前節で説明したように、シナリオは、蓋然性や重要度、類似性から、分類され、代表的なものが選択されている必要があるが、厳密な意味で、それを実証することは難しい。例えば、ソースタームや曝露量評価においては、次の①～③のような不確実性が考えられる。

① 有害物質の毒性やインベントリー、環境放出量などの不確かさ
② 有害物質の環境動態の不確かさ
③ 有害物質に人が曝露されたり、環境に負荷が与えられたりする段階での不確かさ

(3)　パラメータの不確実性

モデル評価にはさまざまなパラメータが用いられる。それらのパラメータは、別途、実験や観察によって決められたもので、誤差として、不確実性を有

している。

このように、環境リスク評価の結果には、質の異なる複数の不確実性がかかわる。不確実性は、偶然的不確実性(aleatory uncertainty)と認識論的不確実性(epistemic uncertainty)に大別される[9]。

偶然的不確実性は確率論的不確実性(stochastic uncertainty)とも呼ばれ、データの持つ本質的な変動性、つまり、時間的、空間的、個体間の差異や変動に起因するものであり、環境中での化学物質濃度の観測値の変動や毒性試験における個体差がそれに当たる。偶然的不確実性は、統計的な取り扱い、つまり、平均値と分散(誤差)を使った取り扱いやモンテカルロ法のような統計サンプリングを利用した取り扱いがなされる。

一方、認識論的不確実性は、対象の未来性や複雑さのために、我々が持つ知識、情報の欠如によって引き起こされる不確実性であり、評価におけるバイアスに相当する。上述した環境リスク評価における不確実性の大部分は、このような認識論的不確実性に相当している。この種の不確実性は科学的知見の蓄積によって減少させることができる反面、その存在や程度を、我々が認識できていない場合もある。毒性試験における安全係数など、評価における保守性の取り込みは、このような認識論的不確実性への対応であると言える。

8.3.3　放射性廃棄物処分の安全評価

環境リスク評価の一例として、高レベル放射性廃棄物の地層処分における安全評価を紹介する。

わが国では、原子力発電で使用した核燃料は、再処理され、まだ使用できるウランやプルトニウムを回収した後、残った廃液をガラス固化した後、処分される。ガラス固化は核分裂生成物や超ウラン元素(ウランより重いネプツニウムなどの元素)を含み、それらの放射性核種の中には非常に長い半減期を持つものあることから、我々の生活圏から隔離し、人工的なバリアとともに、深部地下の安定な岩盤内に埋設されることになる。

このような放射性廃棄物処分場よるリスクは、車や航空機のような工学システムと異なり、実証論的に示すことができないため、事前にリスク評価(放射性廃棄物処分では安全評価と呼ばれる)を行い、その安全性の幅を示すことが求められる。

地層処分の安全評価[5]では、人工バリアや周囲の岩盤中内での放射性核種の移行を、**第6章**で説明したような環境動態の変化を考慮し、物質輸送計算を行うことで、評価する。**図表8.2**に、そのような評価で用いられる地下水移行シナリオの1つを示す。一旦、地表近くに到達した放射性核種は、我々の生活する地表近くの生物圏を構成する異なる環境に分配されていくが、安全評価では、それをコンパトーメントモデルを用いて表現している(**図表8.3**)。

出典：核燃料サイクル開発機構、1999 [5]

図表8.2　高レベル放射性廃棄物の地層処分安全評価で用いられる地下水移行シナリオ

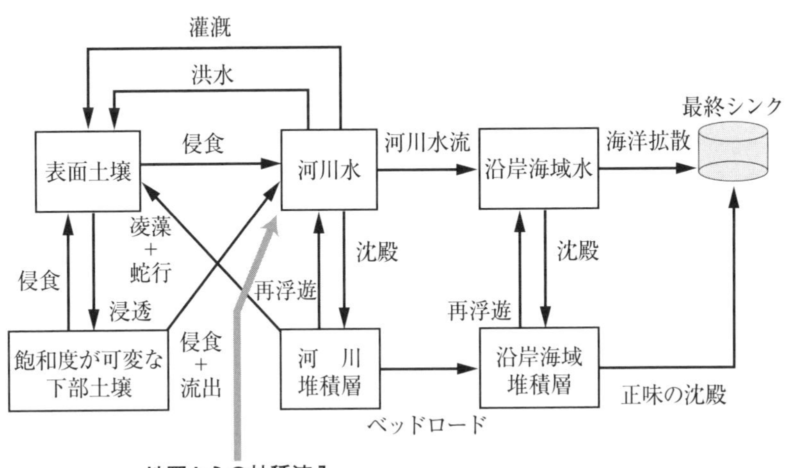

出典：核燃料サイクル開発機構、1999 [5]

図表8.3　生物圏のコンパトーメントモデル

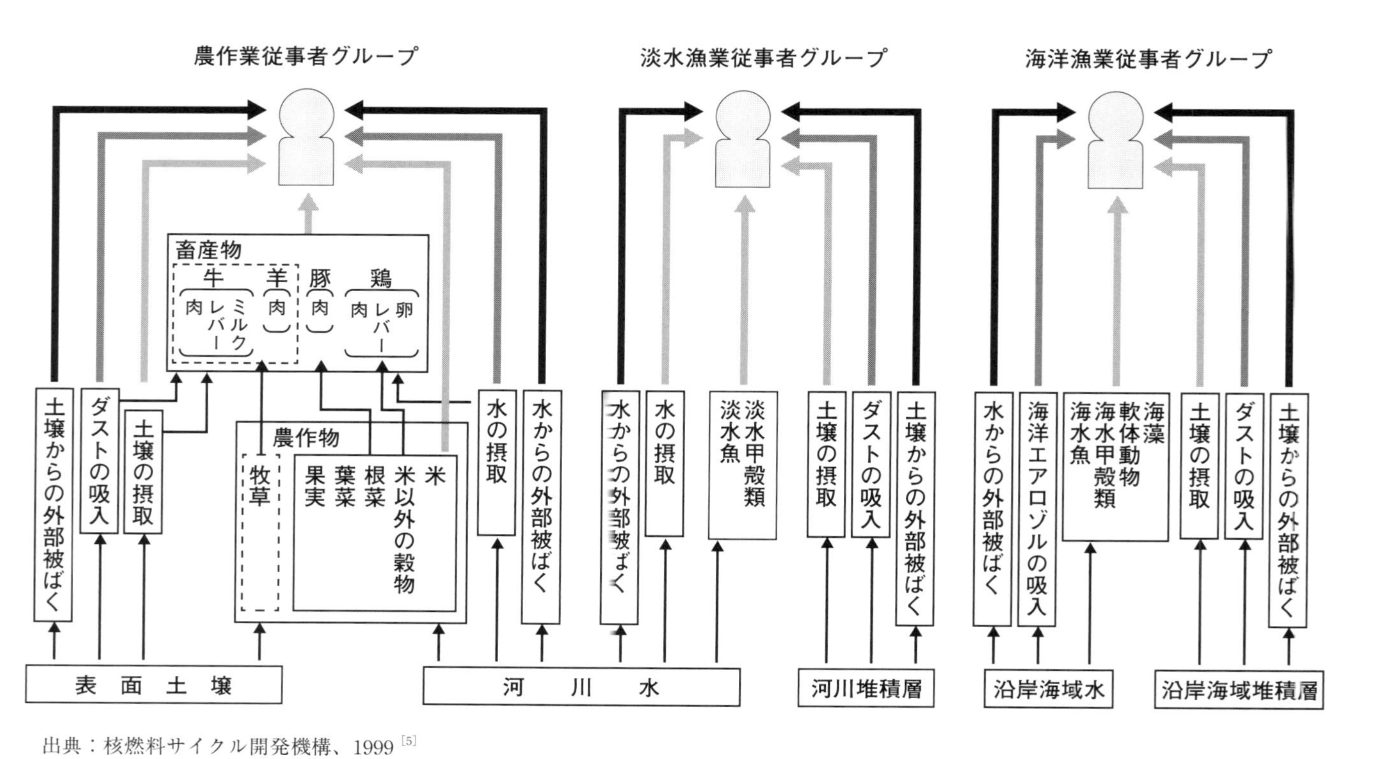

出典：核燃料サイクル開発機構、1999 [5]

図表8.4　被ばくにかかわるシナリオの分類

そして、将来のヒトが、そのライフスタイルに応じて、異なる経路で摂取し、被ばくするとして評価する(**図表 8.4**)。そのようにして得られた結果の一例が**図表 8.5** である。図の横軸は、処分開始後の時間であり、廃棄物に含まれる超半減期の放射性核種のため、100 万年にもわたる評価になっている。また、縦軸は、**図 8.4** に示したさまざまな経路による被ばくの総和であり、被ばく線量(μSv/year)である。被ばく線量は発がんのリスクに関係し、それ自体が一種のリスク指標になっており、10 μSv/year の被ばくが概ね年間 10^{-6} の死亡リスクに相当する。なお、我々は年間数 mSv の被ばくを環境から受けている。実際には、異なるシナリオの同様の結果も含め、安全基準との比較から、処分場建設の可否が議論されることになる。

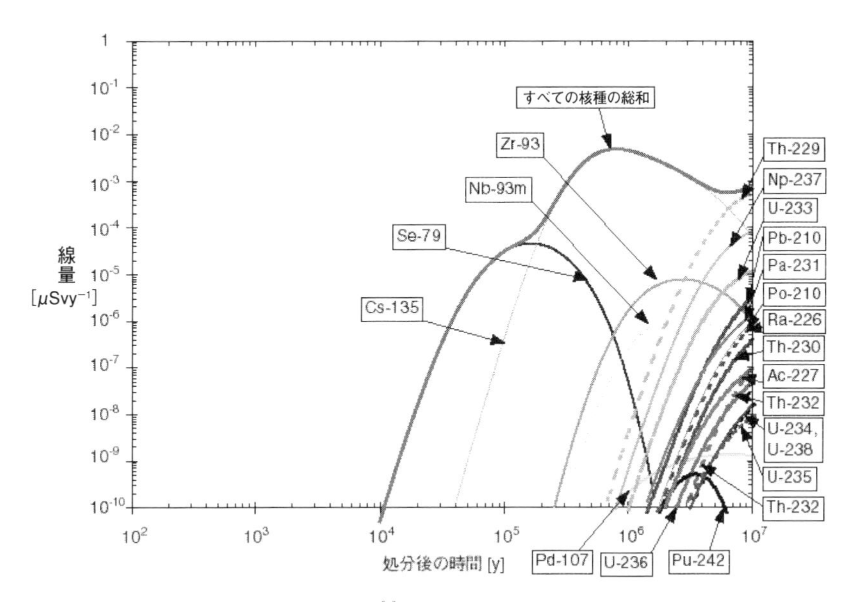

出典：核燃料サイクル開発機構、1999 [5]

図表 8.5　放射性廃棄物地層処分の安全評価の例

第9章

ヒューマンファクター

9.1 ヒューマンファクターとは

システムの運用にはどこかで必ず人が関与している。したがって、その安全にも、設備機器の振る舞いだけでなく人や人間組織の行動が深くかかわってくる。

さまざまな分野で現実に起きた事例を見てもわかるように、人間行動が契機となって大事故になってしまった例は非常に多い。例えば、1999年に茨城県東海村の核燃料加工施設で起きた臨界事故では、作業員が定められた手順に従わずに大量のウラン溶液を正規の手順とは異なる装置に投入したことが事故の直接原因になっている[1]。この他にも、オートパイロットの操作ミスによる航空機事故、コンピュータへの入力ミスによる株の大量誤発注、患者の取違えや薬剤の用量間違いによる医療事故など、例示には事欠かない。

一般的に、事故や重大不具合の80～90%に人間行動が関与しているといわれており、安全の確保において人間行動を考慮に入れることが不可欠である。システムの安全における人間行動にかかわる問題を総称してヒューマンファクター（Human Factor：HF）と呼ぶ。安全に対する人の寄与には、機械にはできない柔軟な思考能力をもって危険な状態を回避するというプラス面と、エラーや違反を犯してシステムを危険な状態に陥れるマイナス面とが存在する。HFは、人の優れた特性を活かし、マイナス面を適切にカバーすることにより、人を含めたシステムの安全性、信頼性、および効率の向上をめざす学術分野である[2]。

HFは、人を含むシステムを人間機械系と捉え、システム全体が所期の性能を発揮できるように、人工物、管理、技術、タスク、環境などを人に適合したものとするための原理やそれを実現するための技術を探求することを目的としている。

9.2　ヒューマンエラーの考え方と分類

ヒューマンエラー(human error)の分析、予測、防止は、HF の最も基本的かつ重要な課題である。ヒューマンエラーは、一般的に事故や災害など望ましからざる結果の要因となった人の行為、あるいは期待される標準的行為からの逸脱と定義される。前半の定義にはヒューマンエラーが事故や災害の原因であるというニュアンスがある。また、後半の定義には期待される標準的行為があらかじめ規定されているという前提がある。しかし、これらは必ずしも実態を反映していないので、HF の専門家はヒューマンエラーという用語の使用を避ける傾向がある[3] [4]。

HF の専門家は、以下のような一般社会とやや異なる見方でヒューマンエラーを扱う。まず、ヒューマンエラーは事故や災害の原因ではなく、何らかの他の要因の結果であると考える。これは **5.1 節**で説明した事故の因果モデルからも明らかである。したがって、ヒューマンエラーを犯した当事者を事故の責任者として処罰したり、他の人と入れ替えたりしても事故の再発防止には役立たない。ヒューマンエラーの背後要因を解明してこれを排除するか、その影響を緩和することが唯一の有効な対策である。

ヒューマンエラーには多様なタイプがあり、タイプごとに有効な対策は異なる。したがって、その対策はヒューマンエラーの分析にもとづいて行われなければならない。一律で単純な議論は無効である。最後に、HF の専門家は、「ヒューマンエラーは偶然起きるのではなく、必然的に起きるものである」と考える。

これは最初の論点と共通するが、悪意のない人がヒューマンエラーを犯すには背後に相応の原因があるはずである。人の基本的特性に大差がない以上、同様の情況におかれた人ならば誰でも同様のヒューマンエラーを必然的に犯すということである。したがって、ヒューマンエラーの原因を不運や個人の欠点に帰するのは間違いである。これについては **9.4 節**でさらに述べる。

エラー分析の最初のステップは特徴によってヒューマンエラーを分類することであるが、ヒューマンエラーの分類には表現形と因子形の2つの視点による分類がある[4]。

このうち表現形は、影響の重大性や、観察された行為の標準的行為からの形態的な逸脱の観点から行われる分類で、外部からの観察による客観的判定が可能な分類法である。表現形による分類はヒューマンエラーの表層的な特徴にもとづくものである。したがって、そのままエラー対策に役立てることはできないが、因子形分類などのさらに深い分析の出発点として必要な分類である。**図表 3.5(b)**に示したエラーモード(error mode)は基本的表現形と呼ばれ、考えられるヒューマンエラーの表層的形態を網羅している。

一方、因子形は、行為決定にいたる心理的な過程を表す認知メカニズムや、行為が誘発された条件や原因の観点から行われる分類である。これらの要因は外部からの直接観察が不可能であるために、因子形による分類は表現形による分類の結果、およびその他の情況情報からの推測にもとづいて行われる。これは、エラー対策を考える際には必要となる。因子形分類の例としては、エラーの発生メカニズムを考慮した分類に後述するリーズン(J.Reason)の基本的エラータイプ(basic error type)がある。

9.3 人間信頼性解析

9.3.1 THERP

確率論的安全評価(PSA)において、ヒューマンエラーの可能性、発生確率とその影響を定性的、定量的に評価するための作業が人間信頼性解析(Human Reliability Analysis：HRA)である。ヒューマンエラーの発生確率をエラー率と呼ぶが、HRA は PSA モデルに現れる人間行動のエラー率を見積もる作業である。

HRA は主に原子力発電所の PSA とともに発展してきた分野である。これまでにさまざまな手法が開発されている。その「第 1 世代」と呼ばれる手法は機械装置に対する信頼性解析の手法をそのまま人間行動に応用したものである。

それは、行動決定の認知メカニズムを考慮せず、人をブラックボックスとして捉える行動主義的な人間行動モデルにもとづいている。しかしこの枠組みでは、熟慮の末に判断を誤って犯すような確信的なエラーを正確に扱うことができない。そこで 1990 年代からは第 1 世代の欠点を克服するべく、人間行動の認知メカニズムを考慮した第 2 世代の手法が開発されている。

第 2 世代 HRA は第 1 世代 HRA に比較して優れた点をもってはいる。しかし、実施手順が複雑で高度な知識が必要であること、データベースが十分に整備されていないことから、まだ現場での利用実績が乏しい。そこで本書では、実務で利用する機会が多いと思われる第1世代HRAに焦点を絞って紹介する。

第1世代HRAの中でも最も利用実績があるのはTHERP(Technique for Human Error Rate Prediction)[5]である。THERPは米国のサンディア研究所が開発したHRA 手法で、原子力発電所に対して初めて行われた本格的PSAに採用された。THERPが解析の対象とするのは手順書に定められたような定型的作業である。これは、以下のような手順に従って実施される。

THERPの手順

① **必要な情報の収集**：解析の目的を明確にするとともに、資料の解読、現地調査、作業員への聞き取り調査などによって作業環境、作業員の個人的特性など、エラー要因に関する情報を収集する。

② **作業分析**：タスク解析(**3.2.2項**)により解析対象となる作業を要素的行為に分解し、その作業ステップごとに考えられるエラーモードを決定する。

③ **作業イベントツリーの構築**：作業分析の結果を用いて作業イベントツリーを構築し、作業全体の失敗シナリオを明らかにする。

④ **基本エラー率の割当て**：イベントツリーの各分岐に対して、ヒューマンエラーデータベースから行為の種類とエラーモードに対応する基本エラー率を割り当てる。

⑤ **行動形成因子の評価**：作業成績に影響を与えるさまざまな状況因子を評価し、その結果にもとづいて基本エラー率を補正する。

⑥ **ステップ間の従属性の評価**：前後して行われる2つの要素的行為間の従属性を評価し、エラー率を補正する。

⑦ **作業失敗確率の計算**：以上で求められたエラー率を用いて、作業全体の成功、失敗確率を計算する。

⑧ **回復効果の補正**：失敗後にエラーに気づいて修正することが可能である場合に、回復の可能性を考慮するための補正を行う。

⑨ **感度解析と不確かさ評価**：必要であれば感度解析を行い、さらに不確かさ解析を行って解析結果の信頼区間を評価する。

9.3.2　エラーモードと基本エラー率

THERP では、基本的に要素的行為の種類とエラーモードによってそのエラー率が決まるという仮定にもとづいている。THERP で用いられるエラーモードは、次のようなものである。

オミッションエラー(omission error)：必要な行為を実行しなかった。

コミッションエラー(commission error)：行為は実行されたが不適切であった。

コミッションエラーには以下のようなものが含まれる。

① 必要ではない行為を実行した。
② 行為の実行順序を間違えた。
③ 行為実行のタイミングが適切でなかった。
④ 行為の対象、方向などの選択を間違えた。
⑤ 行為の強度、実行時間などが適切でなかった。

THERP の実施要領書であるハンドブック[5]にはエラー率の評価に必要なヒューマンエラーデータベース(human error database)が付属している。これには標準的な作業条件におけるエラーの発生確率である基本エラー率が、要素的行為の種類とエラーモードごとに記載されている。例えば、「開度指示がある現場手動弁が開固着していることに気づかない(オミッションエラー)」の基本エラー率は 0.001 で、そのエラーファクターは 3 となっている。こうして、標準的作業条件におけるエラー率が評価できる。

9.3.3　作業イベントツリー

THERP では、作業の論理的モデルをイベントツリー(Event Tree：ET)によって表現する。作業 ET は、可能性のあるエラーによって事象シナリオがどのように進展するかを、要素的行為の系列にそって上から下へと示したものである。

具体的イメージが得られるように、以下では次のような 3 つのステップからなる作業を想定して説明することにする。

① 装置に電源を接続する。
② スイッチ 1 を入れる。
③ スイッチ 2 を入れる。

ここで、スイッチ 1 とスイッチ 2 は冗長であり、どちらか片方のスイッチが

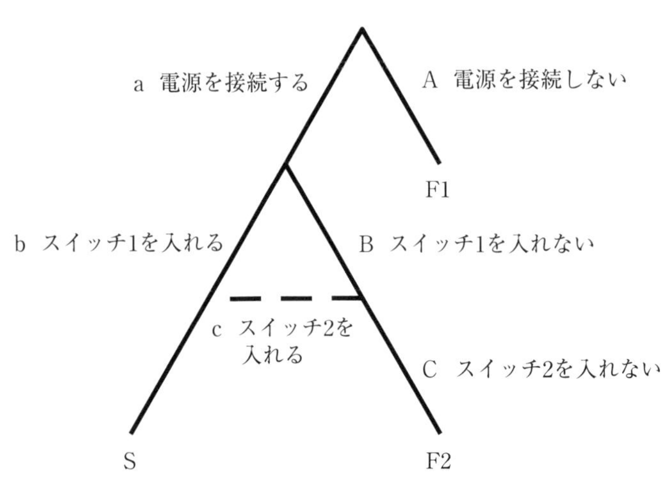

図表 9.1　作業イベントツリーの例

投入されれば作業は成功するという成功基準を仮定する。

この作業の ET を**図表 9.1** に示す。各分岐は右側が行為の失敗を、左側が成功を表している。小文字で書かれた記号は行為の成功(成功確率)、大文字は失敗(失敗確率)を、S と F はそれぞれ作業全体の成功、失敗を表す。多くの作業 ET では，最も左側の径路だけが成功パスであり、それ以外は失敗パスである。一度失敗パスに入った系列を成功パスに戻す操作を回復と呼び、ET では右側の枝から左側の枝に破線のリンクを描いて表す。**図表 9.1** の例では、スイッチ 1 を入れ忘れたにもかかわらず、スイッチ 2 を入れるシナリオが回復として表現されている。

作業 ET を構築したら、これを評価することによって作業全体のヒューマンエラー率(Human Error Probability：HEP)が評価できる。**図表 9.1** の例においてA、B、C の各々の基本エラー率が 0.05、0.1、0.1 であるとした場合に、HEP は

$$\mathrm{HEP} = A + a \cdot B \cdot C \approx A + B \times C = 0.05 + 0.1 \cdot 0.1 = 0.06 \qquad (9.1)$$

と評価される。

9.3.4　行動形成因子(PSF)

基本エラー率は標準的な作業条件におけるエラー率である。現実の作業条件がこれと異なる場合には作業条件の良否を反映してエラー率を補正する必要

図表 9.2 THERP における PSF

<table>
<tr><th colspan="2">外的 PSF</th><th>内的 PSF</th></tr>
<tr><td>状況特性
・構造上の特徴
・環境特性
温度、湿度
空気の質
照明、放射線
騒音、振動
一般的な清潔さ
・作業時間、休憩
・交代勤務制
・特殊装置、工具、
備品の入手
・要員配置、管理
・組織構造
権限、責任、情報伝達
・監督者、同僚、
規制側の態度
・報酬、表彰、利益

仕事の指示
・必要な手順
・情報伝達
・注意、警告
・作業方法
・システムの運営方針</td><td>仕事と機器の特性
・知覚の必要性
・運動の必要性
速度、力、精度
・操作器と表示の関係
・予測の必要性
・解釈
・意思決定
・複雑さ
・仕事の細かさ
・頻度、繰返し
・仕事の危険性
・長期記憶、短期記憶
・計算の必要性
・フィードバック
・連続性
・チーム構成
・ヒューマンマシンインタフェース
・主要機器、設備、器具の設計</td><td rowspan="3">・過去の訓練、経験
・現在の実務能力、技能
・性格、知性
・意欲、態度
・情緒
・心理的、肉体的緊張
・標準的作業成績に要する知識
・性差
・体調
・家族など外部の人の影響
・グループのまとまり</td></tr>
<tr><th colspan="2">ストレッサー</th></tr>
<tr><td>心理的ストレッサー
・突発性
・ストレスの持続
・作業スピード
・作業負荷
・高い危険性
・恐れ(失敗、失業)
・単調、退屈な仕事
・異常なしの長時間監視
・仕事遂行に関する動機の葛藤
・支援の欠如、妨害
・感覚の喪失
・注意散漫(騒音、まぶしさ、ちらつき、色)
・一貫しない合図</td><td>生理的ストレッサー
・ストレスの持続
・疲労
・苦痛、不快感
・空腹、渇き
・極端な温度
・放射線
・過大な重力
・過大な気圧
・酸素不足
・振動
・窮屈さ
・運動不足
・サーカディアンリズムの乱れ</td></tr>
</table>

出典：Swain, A.D., Guttmann, H.E., 1983[5]

図表 9.3　THERP による HEP の評価例

作業ステップ（失敗事象）	基本エラー率	高ストレス補正（× 2）	従属性	エラー率
1（A）	0.05	0.1	–	0.1
2（B）	0.1	0.2	ZD	0.2
3（C）	0.1	0.2	HD	0.6
作業全体の HEP（$= A + B \cdot C$）				0.22

がある。人の作業成績に影響を与えるさまざまな状況因子を、行動形成因子（Performance Shaping Factor：PSF）と呼ぶ。THERP では**図表 9.2** に示すような PSF を考慮して、基本エラー率を補正する。THERP の PSF は、作業の外部環境に関係する外的 PSF、作業者自身の属性に関係する内的 PSF、作業者への心理的、生理的ストレスの原因となるストレッサーに大きく分類される。

THERP のハンドブックには、要素的行為の種類とエラーモードごとに特定の PSF が標準状態より良好な場合、あるいは劣悪な場合に基本エラー率をどれだけ補正したらよいかが、補正係数として与えられている。例えば、**図表 9.1** の作業が高ストレス下で行われる場合に、THERP ハンドブックでは基本エラー率を 2 倍するように指示されている。そこで、**図表 9.3** の 3 列目に示すような基本エラー率に対して高ストレス補正が行われる。

9.3.5　従属性モデル

相前後して行われる同種の要素的行為のうち、先行する行為に成功すれば後続の行為にも成功する可能性が高い。逆に先行する行為を忘れた場合には後続の行為も忘れる可能性が高いと考えられる。このように作業ステップ間にある作業の従属性を考慮するために、THERP では**図表 9.4** に示す従属性モデルを用いる。すなわち、前後する作業ステップ間の従属性の程度を、ZD（無）、LD（低）、MD（中）、HD（高）、CD（完全）の 5 段階で評価し、先行ステップが成功、失敗した条件での後続ステップの成功、失敗確率を、**図表 9.4** に従って事前成功確率、事前失敗確率から求める。

図表 9.1 の例では、ステップ 2（スイッチの投入）はステップ 1（電源の接続）とまったく異なる種類の操作なので従属性は ZD、ステップ 3 はステップ 2 と

図表 9.4　THERP の従属性モデル

従属性	先行作業に成功した条件で後続作業に成功する確率	先行作業に失敗した条件で後続作業に失敗する確率
ZD	BHSP	BHFP
LD	（1 + 19 × BHSP）/20	（1 + 19 × BHFP）/20
MD	（1 + 6 × BHSP）/7	（1 + 6 × BHFP）/7
HD	（1 + BHSP）/2	（1 + BHFP）/2
CD	1	1
	BHSP：事前成功確率	BHFP：事前失敗確率

出典：Swain, A.D., Guttmann, H.E., 1983[5]

同様な操作なので HD と評価される。従属性補正を行ったエラー率は**図表 9.3**の最右列となり、ステップ 3 のエラー率は 0.2 から 0.6 に増加する。このエラー率を用いて、作業全体の HEP は最終的に 0.22 と評価される。

9.3.6　時間信頼性相関（TRC）

THERP は完全に手順化された定型的作業が対象である。複雑システムの異常診断のように、収集した情報にもとづいて熟慮の末に行う判断のような作業には適用できない。このような思考型の作業の信頼性を最も左右するのは、思考に利用可能な時間的余裕であると考えられる。

警報など判断を促す契機となる情報が与えられてからの経過時間に対する適切な判断を下せる確率の関係は時間信頼性相関（Time Reliability Correlation：TRC）と呼ばれる。このようなデータはシミュレータ実験などによって作業の種類ごとに収集されている。多くの場合、適切な判断に要する時間は次のような対数正規分布によって表せることが知られている[6]。

$$f(t) = \frac{1}{\sqrt{2\pi\sigma}\, t} \exp\left[-\frac{(\ln t - \mu)^2}{2\sigma^2}\right] \tag{9.2}$$

ここで $f(t)$ は正反応の確率密度関数、t は反応時間、σ と μ は対数反応時間の平均と標準偏差である。この密度関数を［0, t］で積分した確率分布関数は、時間 t までに正しい判断を完了する確率を表す。**図表 9.5** は、沸騰水型原子炉の給水ポンプ停止事象に対する運転員の反応を測定した例である。

このようなデータが入手可能な場合、思考型作業の人間信頼性は以下のように評価できる。まず、システムに何らかの事象が発生してから適切な行動を完

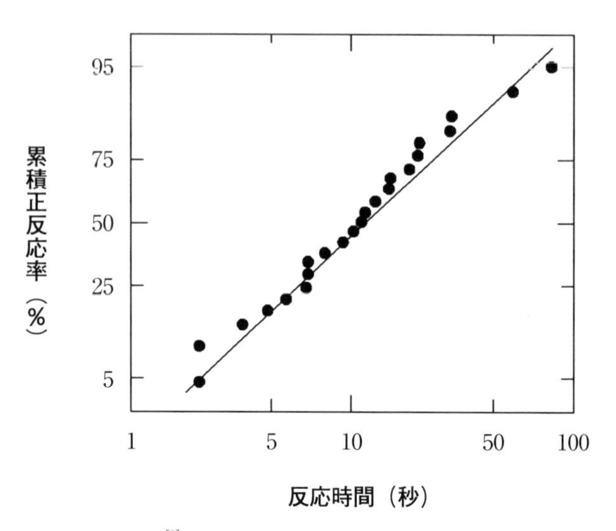

出典：Beare, A.N., et al., 1982[7] をもとに作成

図表 9.5　TRC の例（沸騰水型原子炉の給水ポンプ停止）

了するまでに許される時間的余裕の上限を評価する。次に、行動開始から行動完了までに要する時間、事象発生から行動の必要性を喚起する情報が得られるまでに要する時間を評価し、これらを時間的余裕の上限から差し引く。これが思考に利用可能な時間となる。思考に利用可能な時間と TRC データから、この判断の成功確率が求められる。

9.4　ヒューマンエラーの心理学

9.4.1　SRK モデル

人をブラックボックスと考えるような、行動決定の認知メカニズムを問わない行動主義的なアプローチに限界があることは明らかである。そこで、行動決定の認知メカニズムにも焦点をあて、それにもとづいてヒューマンエラー分類や防止対策を論ずることが 1980 年代後半から盛んに行われるようになり、現在にいたっている。

HF の分野に最も大きな影響を与えた人間行動のモデルに、ラスムッセン（J. Rasmussen）の SRK モデル（SRK model）がある[8]。**図表 9.6** に SRK モデルの概略を示す。SRK モデルは、人間行動を性質の違いによりスキルベース（skill-

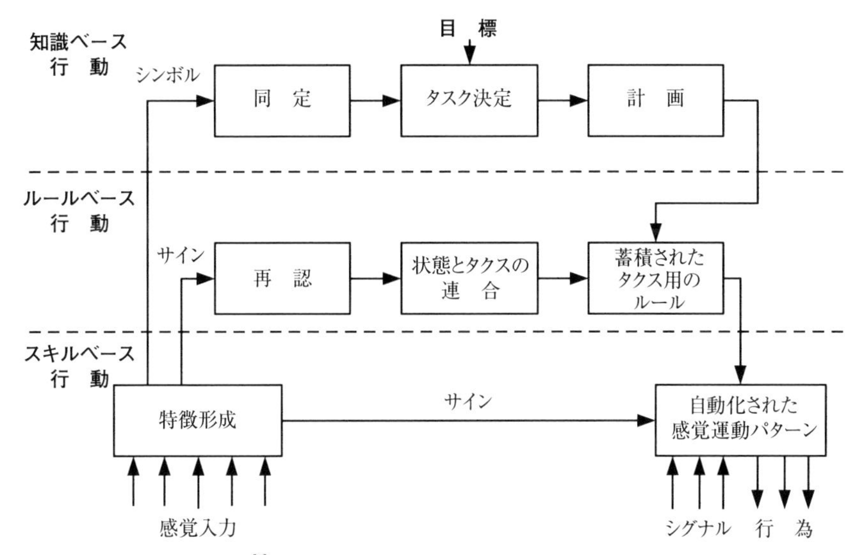

出典：Rasmussen, J., 1983[8]

図表 9.6　人間行動の SRK モデル

base)、ルールベース(rule-base)、知識ベース(knowledge-base)の３つのレベルに分類する。

スキルベースの行動は感覚運動系の自動化された制御による行動である。非常に熟練した定型作業における無意識でなめらかな行動を表す。スキルベースの行動における感覚情報は、システムの時空間的な連続的振る舞いを示す定量的シグナル(signal)として扱われ、観測されたシグナルを意図した状態と比較し、両者の誤差信号に応じて運動反応が出力される。目標の追尾、位置合わせ、乗物の操縦などが典型事例で、目標と照準との位置ずれに応じて操作器の操作量が調整される。あるいは警報ランプに反応する場合のように、感覚情報のパターンが特定の行動を誘発するサインとして働くこともある。

ルールベースの行動は、過去に経験や教育によって獲得された規則や手順を意識的に適用する行動である。このような経験則は、感覚情報のパターンとの照合によって選択される。ルールベースの行動における感覚情報はサイン(sign)として知覚される。サインとは経験によってある行為と対応づけられたシステムの状態や状況を表す情報のパターンである。それは、システムの機能や状態の意味などの概念的内容は表していない。表示の本質的意味を考えないまま、ルールに従って「赤信号は止まれ、青信号は進め」と行動するのはルールベースの行動である。

未知あるいは不慣れな状況において経験則が適用できない場合には、より高次の概念的レベルにおいて目標駆動的に行動が決定される。これが知識ベースの行動である。人が外界で起きるさまざまな出来事を理解、予測し、自分の行動を決定するときに、対象の重要な特徴を抽出して表現した心的イメージを用いて考える。これがメンタルモデル(mental model)である。知識ベースの行動では、まずシステムのメンタルモデルによって表された知識を用いて、システムの機能的特性からその状態を認識する。次に、認識された状態と心的目標との差異によって目標達成に必要な行動が選択、計画、実行される。

知識ベースの行動において、感覚情報はシステムの機能的特性に対応づけられたシンボル(symbol)として知覚される。システム状態の認識や将来予測のための推論や計算に用いられるのである。例えば、一般ユーザーがカメラのシャッターが下りなくなった原因を、その製品の機能を理解しながら探る作業は知識ベースの行動である。

9.4.2　不安全行為の分類

リーズンはシステムを望ましくない状態に陥れる可能性のある人の行為を不安全行為と呼び、**図表9.7**に示すように分類した[3]。

不安全行為は、まず意図された行為であるか否かによって分類される。意図しない不安全行為は「うっかりミス」である。不適切な注意によるスリップ(slip)と、記憶違いによるラプス(lapse)の2種類があるが、これらはスキルベースの行動で起きるヒューマンエラーである。さらに意図的に行った不安全行為は、違法性認識の有無によって分類される。違法性認識のないものがミステイク(mistake)で、これは状況認識や判断を誤ったために確信的に不安全な行為を行うものである。ミステイクは、思考のレベルによってルールベースのミステイクと知識ベースのミステイクに2分される。

スリップ、ラプス、ミステイクはSRKモデルにもとづいており、基本的エラータイプと呼ばれる。基本的エラータイプは狭い意味でのヒューマンエラーである。基本的エラータイプでは行動者の意図の正誤によって最初の大きな分類が行われる。しかし、行動者の意図の正誤は自分のエラーに気づいて修正できるか否かを大きく左右し、スリップやラプスと比較してミステイクを自己検

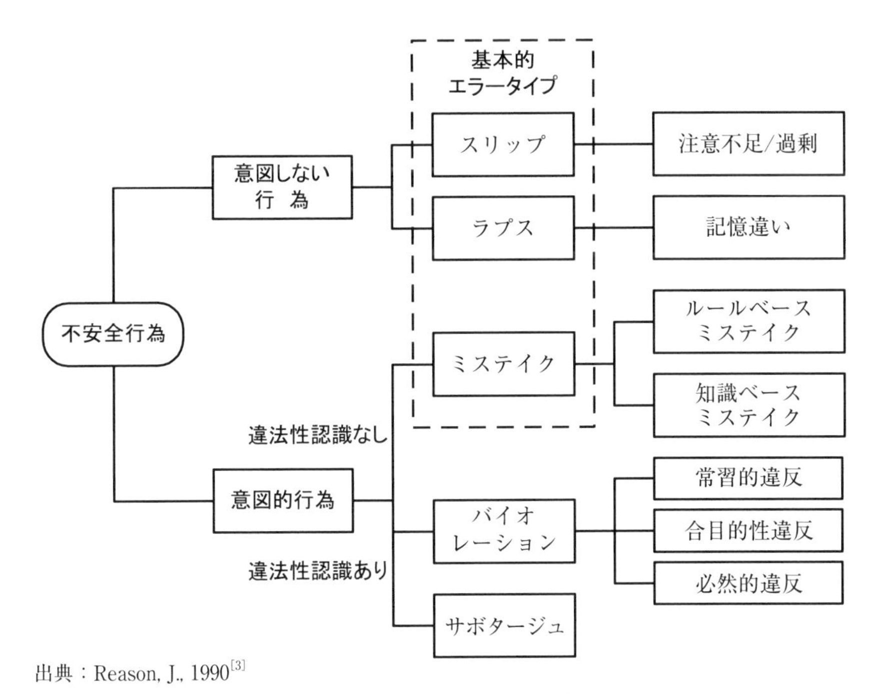

出典：Reason, J., 1990[3]

図表 9.7　不安全行為の分類

出することは非常にむずかしい。

違法と承知して行う行為は、悪い結果を期待しているか否かで分類され、良い結果を期待して行うのがバイオレーション(violation)、悪い結果を期待して行う意図的破壊活動がサボタージュ(sabotage)である。バイオレーションには常習化した違反、違法行為の結果に特別の価値を認めて行う合目的性違反、目標達成のため不可避的に行う必然的違反に分類される。

9.4.3　不安全行為の正しい考え方

ヒューマンエラーに関する研究が進み知見が蓄積されるとともに、これまで機械故障のアナロジーで捉えられてきたヒューマンエラーに対する考え方も大幅な変更が迫られるようになった。さらに、組織的に行われる違反のような基本的エラータイプの範囲を超える不安全行為への対応が迫られ、不安全行為に対する新しい考え方が提唱されるようになった。

第 1 世代 HRA では、正しいと思い込んで意図的に不適切な行為を行うミステイクが捉えきれていないことが問題とされてきた。このようなヒューマンエラーを考慮する場合に重要となる考え方が情況(context)の概念である。情況とは、人間行動をとりまく環境、行動の前後関係や相互関係、行動条件など、人の行動選択を左右する諸因子のことである。それは、システムの状態とPSFの組合せにより構成される。そしてヒューマンエラー研究の結果、ミステイクは偶発的、確率的に起きるのではなく、人が置かれた情況の中で必然的に起きることがわかってきた。このような、人にヒューマンエラーを犯すことを不可避にさせるような情況を過誤強制情況(Error Forcing Context：EFC)と呼ぶ[9]。個人的、環境的、社会的要因を背景としてEFCが形成されると、それは人の認知メカニズムに働きかけて不安全行為を誘発する。認知メカニズムには人間特有の能力限界、思考の傾向、認知的バイアスなどがある。これがEFCにさらされると誰もが同様に判断を誤る。例えば、時間的余裕がなく、あいまいな情報しか与えられないような条件下では、どんな人でもほぼ確実に誤判断をする。

ヒューマンエラーは人が犯す過ちである。従来、その原因は人の性質に求められがちであった。しかし、人間行動が情況に支配されるとすれば、分析対象とすべきはEFCであり、HEPはEFCの発生確率に他ならない。すなわち、EFCの発生確率をP(EFC)、EFCが発生した状況でのヒューマンエラーの条件付発生確率をP(HE | EFC)とすると、

$$\mathrm{HEP}=P(\mathrm{HE} \mid \mathrm{EFC})\times P(\mathrm{EFC}) \tag{9.3}$$

となるが、EFCの下ではヒューマンエラーの発生はほぼ必然的になりP(HE | EFC)≈1である。したがって、ミステイクを防止するためにはEFCを発見して取り除かなければならない。

ところで、最近多発している組織的要因に起因する事故や不祥事の結果、バイオレーションの防止に注目が集まっている。バイオレーションに対処する方法としてはミステイクに近いものが有効であると考えられる。すなわち、悪意がない限り人が違反行為に及ぶには相応な理由がある。原因は遵法意識の欠如などの個人的問題よりも、その人が置かれた情況にある場合がほとんどだからである。過去にバイオレーションによって起きた事故や不祥事を分析してみると、バイオレーションを誘発する情況には明らかに共通のパターンが見出せる。バイオレーションを誘発する情況は違反促進情況(Violation Promoting Context：VPC)と呼ばれ、以下のような項目がその構成要因とされる[10]。

違反促進情況(VPC)の構成要因

- 時間的圧迫や人手不足
- 知識や経験の不足
- 現場の実態に合わない、使いにくいシステム
- 違反の常習化や違反による成功体験
- 強い責任感と旺盛な創意工夫意欲
- 検査、監視体制の不備

ここで強い責任感と旺盛な創意工夫意欲があげられているのは、正規の方法から逸脱してでも何とかして目標を達成したいという強い意志がかえって仇となるからである。これらのVPCが同時に起きないように監視し、取り除くことがバイオレーションに対する何よりも有効な対策である。

9.5　ヒューマンエラー防止対策

以上で述べたように、ヒューマンエラー防止にはPSF(行動形成因子)を改善してEFC(過誤強制情況)が発生しないようにする対策が有効である。そのためには、気温、湿度、照明、騒音レベルなどの作業環境を人の活動にとって快適な状態に保つことに加えて、作業負荷を適正なレベルに保つことが重要である[11]。作業負荷とは、人がどれだけ活発に活動しているかを示す指標であり、身体的負荷と心的負荷に大別される。作業負荷が高すぎると作業要求が人の能力限界を超えてしまう。逆に低すぎると覚醒レベルが低下して注意散漫になる。いずれの場合もヒューマンエラーを犯しやすくなる。作業負荷の評価には、質問紙調査を用いた主観的評価法、作業観察にもとづく評価法、タスク解析にもとづく評価法などが実用的である。

作業負荷を適正範囲に保つためには、人に期待する役割やタスクを適切に設計し、さらにタスクの特徴と人の認知特性に適合するようにインタフェースを設計する必要がある。インタフェース(interface)とは、システムの構成要素が互いに情報や作用のやりとりを行う場のことであり、ここでは特に人と機械装置との間のヒューマンマシンインタフェース(Human-Machine Interface：HMI)の設計が重要である。

具体的には以下のような対策が有効である。

作業負荷を適正範囲に保つための対策

① **役割配分、タスク設計**：タスク解析を行って人に期待する役割と機械装置に期待する役割を明確にし、人に期待する役割が人の能力限界を超えないことを確認する。人に与えられたタスクの標準的な達成手段を整理、記述して、手順やマニュアルとして規定する。

② **配置設計による作業負荷の低減**：作業中の身体移動や視線移動の解析を行い、その結果にもとづいたインタフェース要素の配置設計を行う。それによって、無駄な動作を少なくする。すなわち、連続して使用する要素や関連性の高い要素は接近して配置するようにする。

③ **情報提示、配置設計への重要度の反映**：情報提示や配置設計では、各要素の重要度に応じた優先順位を考慮する。すなわち、システムにとって重要な要素や頻繁に使用する要素は中央の接近性の高い場所に配置し、注意を引く表現形態を使用する。システムにとっての重要性が低く、使用頻度が低い要素は周辺部に配置するか、不要な情報であれば提示を抑制あるいは省略して、情報過多による過負荷を防止する。

④ **知覚と操作の整合性の確保**：知覚と操作の間の自然で一貫性のある対応関係を保つ。例えば、表示器と操作器の空間配列を一致させる、操作とその効果の方向を一致させる、タスクに適した情報伝達の様相を利用する、慣習的な表示方法、操作方法に従うなどの配慮をする。また、人が行った操作の効果に関する明確なフィードバック情報を提供する。

⑤ **メンタルモデルと整合したインタフェース設計**：メンタルモデルは人の効率的な問題解決を支配するので、システムの利用者が用いるメンタルモデルに整合したインタフェースを提供する必要がある。また、システムの設計者と利用者との間でメンタルモデルに齟齬があると、利用者が設計者の期待する行動をとらないので、利用者が設計者と同様なメンタルモデルを獲得することを助長するようなインタフェース設計を工夫する。

⑥ **十分な時間的余裕の確保**：タスク解析を十分に行い、知覚、判断、操作のために必要な時間を評価して、十分な時間的余裕を確保する。特に判断に要する時間については、TRC を考慮して十分に高い人間信頼性が得られるようにする。十分な時間的余裕がどうしても確保できない場合には、そのタスクの自動化などを検討すべきである。

⑦ **円滑なチーム協調の実現**：チームによる協調作業が必要な場合には、円滑なチーム協調ができるように配慮する。すなわち、大型表示画面などを用いた情報共有がしやすい方式による情報提示、騒音や障害物などのコミュニケーション阻害要因の排除、電話などのコミュニケーション支援手段の提供などを行う。

以上のような対策に加えて、さらに組織の設計、教育訓練、教訓反映、危機対応などの組織管理面での対策が必要である。このうち、教訓反映については**第5章**で解説した。その他の事項については次の**第10章**で解説する。

第10章

リスクマネジメント

10.1　リスクマネジメントのプロセス

リスクに関して意思決定をし、それを実行に移していく活動がリスクマネジメント(risk management)である[1]。危機管理という狭い意味でリスクマネジメントを用いることがある。また経済の分野では投資リスクを回避するための方策を意味するが、安全学においては、リスクを許容できるレベル以下に維持管理するための社会的、組織的諸活動という広い意味でリスクマネジメントを捉えている。なお、リスク管理、安全管理、保安活動などの用語もほぼ同じ意味で用いられる。

図表1.2や**図表5.1**で示したように、安全レベルの劣化の背景には設備機器など技術システムの問題ばかりでなく、管理システムにかかわる問題が存在する。したがってリスクマネジメントでは、技術システムよりはむしろこうした管理システムの問題として捉えなければならないことが多い。リスクマネジメントは**1.4節**に述べた管理システムによって実施され、その基本は**図表10.1**に示すPDCAサイクル(PDCA cycle)である。

目標設定(Goal)では、リスクマネジメントの最終目標として**第2章**に述べたような定性的、あるいは定量的な安全目標が設定される。ここで設定された目標は組織内部に周知されるばかりでなく、安全声明として組織の外部に公表されることが望ましい。

次に、リスクマネジメント活動が計画(Plan)される。具体的にはハザードとリスクの事前の分析と評価を行い、その結果にもとづいて設備機器など技術システムの設計と、組織内のさまざまな制度設計、すなわち管理システムの設計を行う。この計画に従って、リスクマネジメントの実務が実行(Do)され、設備機器の製作やシステムの運用が行われる。次に、安全目標の達成度の評価、内部監査や外部監査、事故、故障、不具合などの失敗分析を行い、実行の結果を確認(Check)する。最後に、確認の結果にもとづいて安全目標あるいは計画

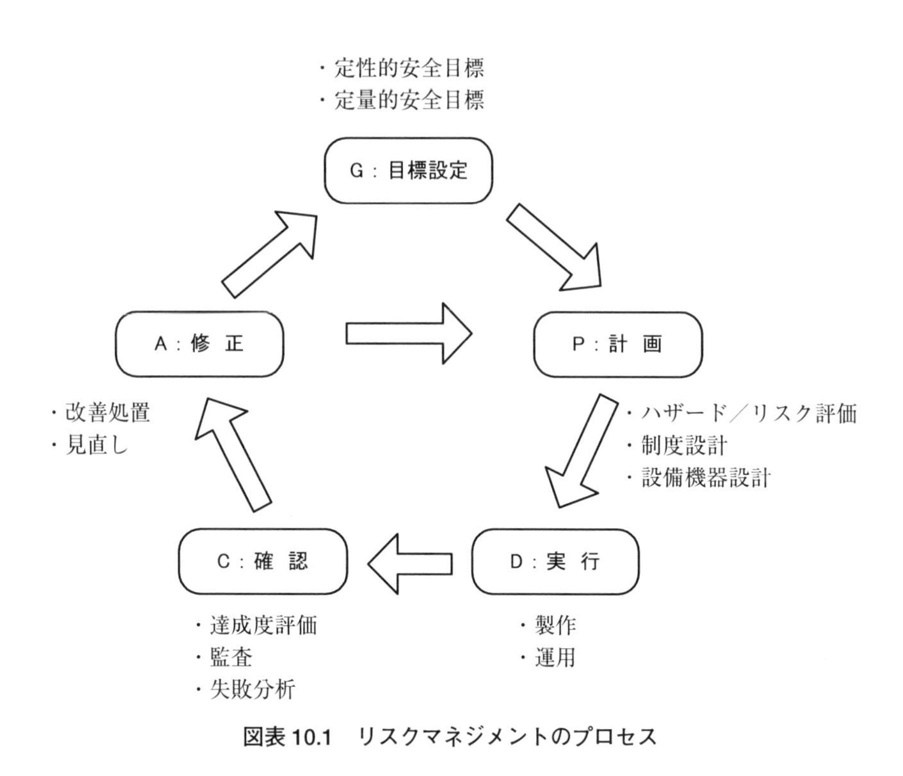

図表10.1　リスクマネジメントのプロセス

を見直し、欠陥が発見されたり、実情にそぐわなかったりする場合には改善措置を講じて修正(Act)を加える(**図表10.1**)。このサイクルを繰り返し回すことによって、リスクマネジメント活動全体を絶えず改善していくことが必要である。

10.2　リスクマネジメントのための組織

リスクマネジメントの計画段階で最初に実行しなければならないことは、そのために必要十分な組織をつくり上げることである。中でも、責任と役割分担の明確化が重要である。すなわち、安全の問題に関して、誰がどの範囲に対して責任と権限を有するかが、組織内で明確になっていなければならない。安全に対しては組織内の全構成員が責任を負うべきものであって、特定の個人や部署に全責任を付託すべきものではない。しかしながら、特定の個人や部署が組織内で果たす役割に応じて、安全に関してもおのずと異なる責任と役割を分担することになる。

リスクマネジメントに関しては、部署名は異なるかもしれないが基本的に**図表 10.2** に示すような組織構成をとることが一般的である。そして、各部署は以下のような責任と役割を分担する。まず組織の最高責任者はリスクマネジメントにおいても最高責任者であり、組織全体のリスクマネジメント活動を指揮、統括するとともに、リスクに関する組織の意思決定およびその結果に最終的責任を負う。

安全管理責任者はリスクマネジメントの実務の統括責任者であり、安全管理組織を指揮してリスクマネジメントの実務を実施させる。

安全管理組織はリスクマネジメント活動の計画、指示、監査を担当する。また組織内の各業務部門間の調整を行う。

安全管理委員会は、各業務部門責任者の参加の下に安全にかかわる重要事項を審議し、組織としての意思決定を行う機関である。

安全管理委員会は最高責任者あるいは安全管理責任者が主宰し、安全管理組織が事務局を担当する。各業務部門は、日常業務において定められた計画に従ってリスクマネジメント活動を実施する。なお、リスクマネジメント活動の実施主体はあくまでも各業務部門であり、安全管理組織はその計画、指示、監査、調整の業務を行うものと考えるべきである。

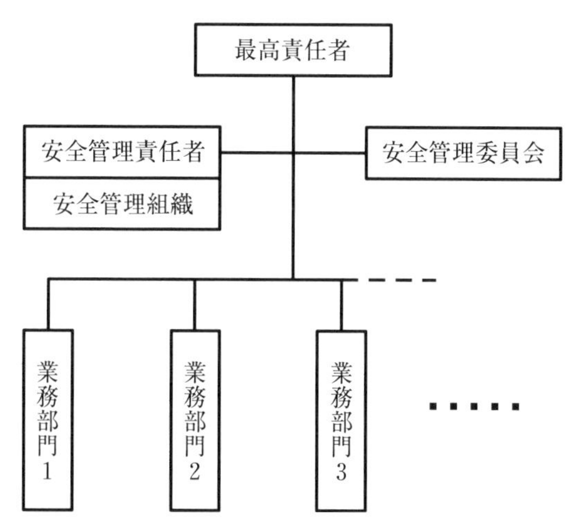

図表 10.2　リスクマネジメント組織の標準的構成

以上の組織構造において、安全管理責任者や安全管理組織が最高責任者直属の機関として、他の業務部門の影響から独立した存在と位置づけられ、十分な権限を与えられていることが重要である。もしそうでない場合には、安全は生産などのより優先されやすい目標の下位に置かれる脅威にさらされる。そうなると、リスクマネジメントシステムが形骸化する恐れがあるからである。

そこで企業においては、経営陣の一人を最高責任者直属の安全管理責任者(Chief Risk Officer：CRO)に任命し、十分な権限を与えることが考えられる。

また単に組織をつくるだけでなく、リスクマネジメントを実施するのに十分な人員、資金、設備などの資源が投入されていることが重要である。そうすることは最高責任者を含む経営陣の責任である。

10.3　技術システムの安全設計

10.3.1　安全余裕と冗長性

設備機器など技術システムに対しては、十分な安全余裕と冗長性を見込んで、システムの周辺環境の変動によってもたらされる擾乱(じょうらん)や、システムの内部で起きる異常な変化にさらされてもなお高い信頼性を保ち、正常状態を維持できるような設計を行う。

まず荷重強度システムにおいては、システムに加えられると予想される最大荷重や最大要求に対して、十分な安全余裕をもって設計強度や設計容量を設定する。この場合、「最大荷重の公称値に対して設計強度にどの程度の余裕をもたせるべきか」は、公称値や設計強度の評価に含まれる不確かさを考慮しつつ、すでに**4.4.3**項で述べた方法で荷重強度システムの信頼性評価を実施する。その際、定量的な安全目標を達成するのに十分な信頼性が得られるようにする必要がある。

次に、単一の設備機器で十分な信頼性が得られない場合には、冗長性をもたせることによってシステム全体としての信頼性を向上させる。システムの冗長性には多重性と多様性の2種類がある。

多重性とは、設備機器の故障に備えて予備として同一の設備機器を余計に設けることである。例えば、冷却水循環ポンプが故障しても大丈夫なように、1基ではなく複数基のポンプを並列に設置する設計がこれにあたる。このとき、定格容量の設備機器を2基設置するのではなく、定格の半分の容量の設備機器を３基設置するような手法も考えられる。この場合には３基のうちの２基が正常ならば問題はない。多重系の構成は、系統全体の信頼性を評価して、要求された信頼性を達成できるように決定する。

同一機器を複数設置しても、共通原因故障で同時に複数の設備機器が故障すると冗長性を維持できない。これを避けるための方策が多様性である。多様性とは、同一の機能を異なる動作原理やメカニズムで実現する設備機器を複数設けることである。例えば、非常用電源としてディーゼル発電機と蓄電池の２種類を用意する設計がこれにあたる。こうすることによって、燃料切れや充電器の故障といった単一原因ですべての非常用電源が同時に使用不能に陥ることが避けられる。

10.3.2　フェイルセイフとフールプルーフ

設備機器の安全設計におけるもう１つの重要概念に、フェイルセイフ(fail safe)の考え方がある。これは、設備機器の故障やヒューマンエラーなど、何か異常が発生した場合に安全側に、事象が進展するような工夫をすることである。停電になると点灯する非常灯、火災の熱によって水栓が融解するスプリンクラーなどがフェイルセイフ設計の例である。フェイルセイフよりも消極的であるが、異常が発生すると安全側ではないにしろ現状を維持するような設計をフェイルアズイズ(fail as is)と呼ぶ。

人工的、能動的に作動する機構に一切頼らずに、重力や自然循環などの自然現象だけを用いてフェイルセイフ性を備えたシステムでは、最も高度な安全性が得られると考えられる。このような特性を固有安全性あるいは受動安全性と呼ぶ。固有安全性を備えたシステムでは、システムに加えられた擾乱に対して、これを打ち消すような負のフィードバックが働く。そこには、人の介入がなくとも自然に正常状態に復帰するような特性が備わっており、固有安全性を実現することは技術システムの安全設計において最も効果的である。

ヒューマンエラーの対策としては、フールプルーフ(fool proof)の考え方がある。これは、システムに物理的、論理的制約を設けて、単純なエラーが起きないように工夫することである。例えば、不用意な誤操作を防止するために、ボタンなどの操作器にカバーをかける工夫は広く採用されている。身近な例では手動式火災報知器のボタンに見ることができる。また、配線、配管の接続ミスを防ぐために正しい対応、方向でなければ物理的に接続できないコネクタや、反対向きには挿入できない情報機器や音響映像機器の記録メディアもフールプルーフ設計の例である。正しい手順に従わなかったり、必要な条件が整っていなかったりする場合には、操作しても論理的に受け付けないような機能をインタフェースに付与する工夫も行われており、インターロック(interlock)と呼ばれる。

10.4　保全活動

保全(maintenance)とは、所期の機能が発揮できるようにシステムの状態を維持するため行われる組織的諸活動のことである。システムの安全性を設計によって確保する設計ベース安全の考え方は重要である。一度使用に供されてしまうとシステムは経時的劣化を免れず製作直後と同じ状態にとどまることはあり得ない。とすると、設計だけで安全性が確保できるという考え方は現実的ではない。劣化の進行は保全活動に左右されるために、適正な保全を行わなければ設計ベース安全は機能しない。したがって、保全活動はシステムの安全設計とならんでリスクマネジメントの重要な要素である。

図表10.3に保全方式の分類を示す[2]。保全の方式は、大きく分けて2つある。故障や不具合が発生してから修理や部品交換を行う事後保全と、システムの劣化状況を把握して設備機器の寿命を予測し、故障や不具合が発生する前に行動を起こす予防保全である。

このうち事後保全には、システムの運用に影響を与えないような軽微な故障をあらかじめ想定して、想定した故障が起きてから行う通常事後保全と、想定外の故障が起きてから対応する緊急保全とがある。

予防保全には、システムの劣化状態を把握して故障が発生する前に保全を行う状態監視保全と、時間を目安として定期的に保全を実施する時間計画保全とがある。

状態監視保全のうち、試験などを繰り返しながらその結果がある条件に抵触したら保全を行うのがオンコンディション保全(on-condition maintenance)、システム状態を常時監視しながら故障の兆候が現れた時点で保全を行うのがモニタリング保全(monitoring maintenance)である。

また時間計画保全のうち、あらかじめ定めた時間間隔で行うのが定期保全、摩耗などを対象に累積運転時間などにもとづいて行うのが経時保全である。

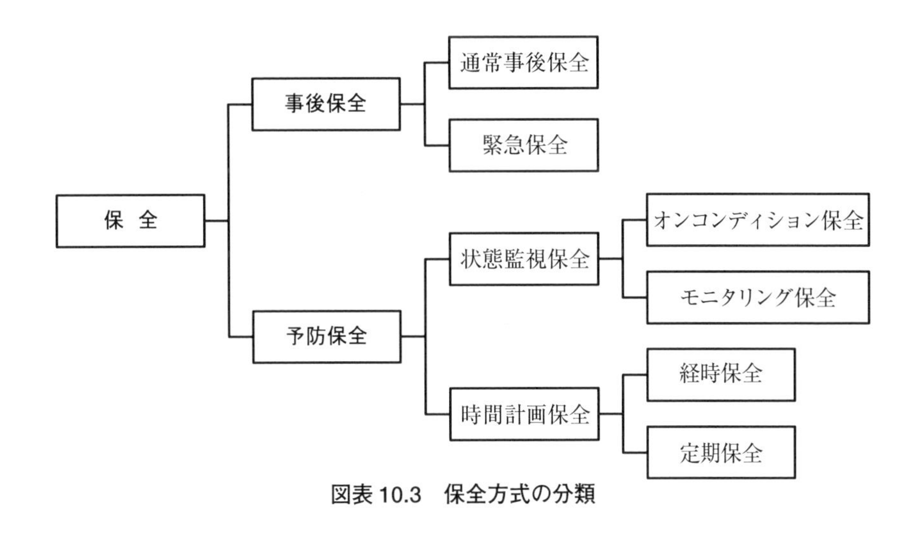

図表 10.3 保全方式の分類

保全方式の選択や定期保全の場合の保全周期は、故障や異常が発生する可能性、発生した場合にシステムに与える影響や損害、社会的影響、保全にかかるコストなどを総合的に判断して決定する。時間計画保全は、事後保全や状態監視保全に比べて実施頻度が多くなりコストがかかる。事後保全は実施頻度が少なくなり保全そのもののコストは少なくてすむが、故障や異常の影響が大きな場合には損害によるコストが過大になる。状態監視保全は最も合理的に保全を行う方式といえる。しかし、異常の兆候を正確に捉えるためには高度な診断技術と経験の蓄積を必要とし、状態監視機器などの先行投資も必要である。

一般的に、システムの使用経験が乏しく技術が未熟な段階では事後保全が適用されることが多い。そして、設備機器の寿命に関するデータが蓄積されるに従って時間計画保全が、さらに異常診断技術が開発されると状態監視保全が導入される傾向にある。

最近では、確率論的安全評価の結果にもとづいて保全方式や保全周期を最適化する信頼性重視保全(Reliability Centered Maintenance：RCM)や、リスク情報を活用した保全(Risk-Informed Maintenance：RIM)がさまざまな分野で導入されつつある。また、長期間にわたって使用されるシステムでは、その間にゆるやかに進行する経年劣化や技術進歩、組織や社会環境の変化を前提としたライフサイクル管理(lifecycle management)の考え方が必要になる。

保全において具体的にどのような活動が行われるかという点では、システムの通常運転中に行う日常保守と、システムの停止時、あるいは定期的にシステムを止めて行う停止時保守、定期保守がある。日常保守には運転監視、巡回点検(パトロール)、運転中に行う各種試験などがある。また、停止時保守、定期保守には法令にもとづく検査、自主的な点検、部品の取替え、修理、改修工事などが含まれる。

10.5　教育訓練

10.5.1　体系的訓練手法(SAT)

組織メンバーに適切な教育訓練を施し、業務に必要な知識と技能を習得させることは組織として不可欠の活動である。実効的な教育訓練を行うには、場当たり的ではない体系的なアプローチが求められる。そのようなアプローチとして、最近では体系的訓練手法(Systematic Approach to Training：SAT)[3]が多くの産業分野で採り入れられるようになった。

SATは、教育訓練を対象業務の分析にもとづいて計画することと、実施の結果をフィードバックすることで、絶えず改善していくことを趣旨としている。これは、品質管理におけるPDCAサイクルを教育訓練に適用することを意味する。SATでは、以下のようなプロセスに従って教育訓練プログラムを実施することを要求する。

SAT（体系的訓練手法）の教育訓練プログラム

① **業務分析**：対象業務を分析し、教育訓練対象項目を抽出する。

② **教育訓練プログラムの設計**：対象項目を適切な教育訓練コースに配置し、試験問題およびレッスンプランを準備する。

③ **教材の開発**：前段階の結果にもとづき教材を開発し、教育訓練プログラムをスケジューリングする。

④ **教育訓練の実施**：スケジュールにもとづき所定の教育訓練を実施する。

⑤ **教育訓練の評価**：受講者の成績、意見、派遣元の意見などにもとづき改善点を抽出し、前段の各ステップにフィードバックする。

教育訓練の具体的方法としては、教室において講義形式で行う座学研修、実際に身体を動かして行う実習訓練、訓練用シミュレータを用いて行うシミュレータ訓練、職場の実際の業務体験を通じて行う職場訓練（On the Job Training：OJT）などがある。これらを適切に組み合わせて教育訓練プログラムを構成する。

その際には、各方法の特徴を考慮し、バランスのとれた構成にすることが重要である。例えば、座学研修では意味的、概念的知識や仮想的事象について教授することはできる。しかし、それればかりでは業務に必要な実践的技能が習得できない。一方、OJT では日常業務に必要な技能は習得できても、それればかりだと日常業務では体験できない稀な状況に関する知識がおろそかになる。

教育訓練の内容については、ノウハウ（know-how）教育とノウホワイ（know-why）教育のバランスをとることも重要である。ノウハウ教育とは、職場の特定の状況において具体的にどのように対処すべきか、や問題解決の手順を具体的に教えるものであり、実践的な技能や知識を短期間で効率的に習得するには有効である。しかし、ノウハウ知識の適用可能性は状況に依存するため、想定外の状況では役に立たない。これに対して、ノウホワイ教育はなぜある対処法が有効なのかのという背景知識や、物事の原理やメカニズムを教えるものである。ノウホワイ教育によって、想定外の状況においても対処法を臨機応変に考案できるようになり、ノウハウ教育で不足する応用力を補うことができる。

10.5.2　教育訓練と人事、資格制度

さらに教育訓練プログラムの設計にあたっては、新たに業務を担当するスタッフに対する初任者教育、初任者訓練に加えて、技能、知識の維持と技術進歩、状況変化への対応を目的として定期的に再教育、再訓練を行う必要がある。経験を積んだスタッフがさらに責任ある職位に就く場合には、中級者、上級者向けのプログラムを用意する必要がある。また、チームによる協調作業が必要な業務においては、個人で行う教育訓練に加えて、チームパフォーマンス（team performance）のレベルアップを目的とするチーム訓練も実施することが望ましい。航空業界では、そのための CRM（Crew Resource Management）訓練が広く採用されている。

必要な知識と技能を有する者だけが業務に就くことを確実にするためには、教育訓練を人事、資格制度の中に位置づけることが必要である。すなわち、教育訓練の修了者に特定の資格を与えて職種、職位と関連づけ、人事や報酬に反

映するようにするのである。これは教育訓練を受けることに対するスタッフのインセンティブを高め、教育訓練の実効性を高めることにも役立つ。

10.6　安全文化

10.6.1　組織事故

近年、多くの産業分野で発生した大事故の背景に組織的要因があることが指摘されている。これらの事故の多くは個人の不安全行為が直接の引き金となって発生しているが、不安全行為の背景には、その組織に個人の行動や判断を不安全な方向へ誘導する情況があったことがわかっている。このように、組織内に潜む欠陥が知らず知らずのうちに拡大し、その影響が組織全体や社会に及ぶような事故をリーズン(J.Reason)は組織事故と定義した[4]。

リーズンは、深層防護で護られたシステムの安全が損なわれるメカニズムを、**図表10.4** に示すスイスチーズモデル(Swiss cheese model)によって説明している。システムの安全を確保する安全バリアは最初完璧であったとしても、時間が経つにつれて必ず欠陥が生じてくるので、絶えずシステムに潜伏し

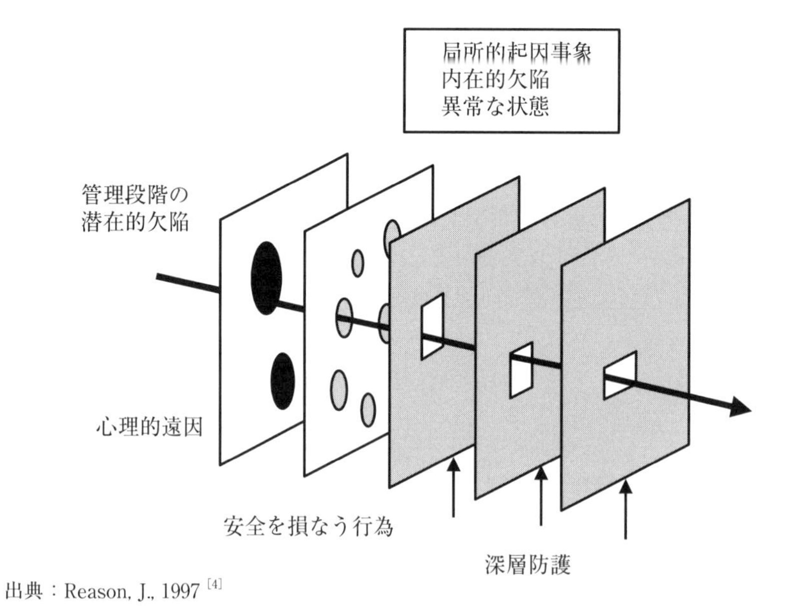

出典：Reason, J., 1997 [4]

図表10.4　組織事故のスイスチーズモデル

ている欠陥を発見して排除する努力が必要である。このようなシステムに潜伏している安全上の欠陥を、リーズンは病原体と呼んだ。安全バリアは多数あるので、そのうちのいくつかに欠陥があったとしても当面は事故にならないが、放置しておけばいつかはバリアの穴が貫通して顕在化プロセスが起きてしまう。これは人が病原体に感染しても直ちに発病せず、一見健康体に見えるものの、疲労で体力が弱ったようなときに突然発症することにたとえられる。

安全バリアの欠陥の発見と修復は組織的活動によって行われるが、組織の管理システムに欠陥をかかえているとすべてのバリアの無力化が同時進行するので、組織的欠陥は事故の共通原因として働く。深層防護ではあるバリアの欠陥がバリアの冗長性によって補完されてしまうため、バリアの数を増やすほど欠陥の発見をかえって難しくする。リーズンはこれを「深層防護の誤謬」と呼ぶ。

10.6.2　安全文化の階層

一般的に、集団における規範、価値、宗教、法律、イデオロギー、概念のような象徴的な表現の総体を文化と呼ぶ。安全文化とは組織文化の１つである。

安全文化は、安全にかかわる諸問題に対して最優先で臨み、その重要性に応じた注意や気配りを払うという組織や関係者の態度や特性の集合体と定義される。安全文化は、組織的に行われるシステムの設計、建設、運転、保全、管理などの諸活動に影響を与え、システム全般の安全レベルを共通要因的に左右するきわめて重要な概念である。世の中には組織事故を起こす組織が存在する一方で、他組織と比較して明らかに事故が少ない安全優良組織が存在するが、このような安全優良組織に特徴的な組織文化が安全文化である。

安全文化は、もともと1986年に旧ソ連で起きたチェルノブイリ原発事故の教訓にもとづいて国際原子力機関（International Atomic Energy Agency：IAEA）が提唱した概念である[5]。そこでは、組織内のすべての個人が安全に対して責任を負うとして、基本方針レベル、管理者レベル、個人レベルの３階層における関与を要求している。

基本方針レベルとは、政府や経営陣など組織の意思決定の高いレベルにおける決定事項であって、組織や個人の活動を左右する枠組みを提供する。まず、組織のトップは安全基本方針について声明を出すことにより、組織の安全に対する目標と公約を社会的に明らかにし、組織メンバーに行動指針を示さなければならない。次に、この安全基本方針を実現するためには、安全にかかわる事項に対する責任、権限を明確化し、安全に関する活動を管理するための独立組織を設置しなければならない。また、安全のために十分な人員、資金、設備などの資源を投入することが求められる。さらに、安全にかかわる活動を自ら定期的に見直す制度を整備しなければならない。

次に管理者レベルでは、安全基本方針に則った個人の態度や慣行を醸成するような環境づくりと、制度の整備が求められる。具体的には、あいまいさのない明確な権限の構造によって、個人の責任を明確化する必要がある。次に、安全にかかわる作業慣行を明確化するとともに、それが確実に実施されていることを確認しなければならない。また、管理者はスタッフが業務を行うのに十分な能力を有しているかどうか確認し、適切な教育訓練を提供しなければならない。安全に関する優れた行動に対しては賞賛と報酬で報い、重大な怠慢に対しては処罰を与えることをためらってはならない。最後に、管理者は品質保証活動、訓練プログラム、人事、作業慣行、文書管理などの諸活動について監査、見直し、比較を絶えず行い、改善に努めなければならない。

最後の個人レベルでは、安全にかかわるタスクにとりかかる前に、自分の任務や責任、知識が十分であるか、状況に異常がないか、支援が必要ではないかなど、常に問いかける姿勢で臨むことが求められる。また、規則や手順などを遵守するとともに、問題が発生したときには立ち止まって考え、近道や大胆な行動を避けるような、厳密かつ慎重なアプローチで臨まなければならない。また、各個人は安全にとってコミュニケーションが重要であることを認識し、有益な情報を積極的に報告するとともにこれを組織で共有することに努めなければならない。

10.6.3　安全文化のエンジニアリング

ある組織に安全文化を根づかせ、向上させるためには、単なる精神論ではないシステム思考による取組みが必要である。リーズンは、安全文化を具体的に組織につくり込む(エンジニアリングする)ための要素を4つの文化で表現したが[4]、わが国ではこれに「議論する文化」を加えた以下の5つの文化で考えるのがよいであろう。

安全文化を形成する5つの文化

- **報告する文化**：情報に立脚した意思決定、安全情報システムの構築
- **正義の文化**：許容される行動の範囲の明確化、賞罰制度
- **柔軟な文化**：状況に順応して組織自身を再構成する能力
- **学習する文化**：正しい教訓を導いて改革を実施する意思と能力
- **議論する文化**：疑問点を積極的に表明して問題意識を共有する態度

また安全文化は、組織構成員が有する信念や価値観など深層レベルの要素、構成員の態度、言動、慣習などの表層レベルの要素、さらに組織の構造、規則、制度などの社会システムレベルの要素から構成される。このうち、個人の信念や価値観がその人の言動や態度に反映されるように、表層レベルは深層レベルを背景にして形成される。次に、大多数の人の行動によって社会の秩序やしくみが決まってくるために、表層レベルの集積によって社会システムレベルが決定される。さらに、社会の秩序やしくみは環境制約となって個人行動を縛り、個人の信念や価値観に反映するので、社会システムレベルが深層レベルを左右する関係にある。

ただし、深層レベルは外部からの直接観察が不可能であるのに対して、表層レベル、社会システムレベルは観察が可能である。また、社会システムレベルは人為的変更が容易であるのに対して、表層レベルの変更はこれよりむずかしく、深層レベルを直接変えることは容易ではない。したがって、上記の5つの文化をつくり込もうとする場合には、社会システムレベルを操作することによって深層レベル、表層レベルを変えていくという方法に頼らざるを得ず、規則や制度の設計が重要である。

具体的には、組織の各階層にわたって安全文化を定期的に自己評価し、組織を適宜改善していく必要がある。安全文化の評価には、聞き取り調査、質問紙調査、職場観察、文書確認、心理的測定法などが用いられる。これまでにいくつかの手法が提案されている。例えば、IAEAのINSAG-15[6]では、組織階層ごとに**図表10.5**に示す項目数の具体的な質問が提示されている。こうした手法を用いて、安全文化の自己チェックや第三者チェックを行う。

図表10.5　安全文化自己評価のための質問紙調査の例

階　層	質問項目数
役員会のメンバー	6
原子力本部長および幹部スタッフ	20
発電所長および上級管理職	22
中間管理職	23
現場の監督者	18
作業員	19

出典：International Atomic Energy Agency, 2002 [6]

10.7　危機管理

リスクマネジメントにおいては、事前の安全対策を行って事故や災害の発生を未然に防止することが大切である。しかし、事故や災害などの緊急事態が万一発生し、リスクが顕在化してしまった場合に損害を最小限に抑えるとともに、通常状態へ早期に復帰するための危機管理も重要である[7]。なお、危機管理とは組織不祥事などの社会的事件も含んだ広い意味での緊急事態を対象とする。事故、火災、自然災害などの物理的事象に限定した場合には防災の用語が用いられる[8]。

危機管理は、「事前準備段階」「緊急事態対応段階」「復旧段階」の3つのフェーズで構成される(**図表10.6**)。事前準備段階は、緊急事態の発生以前に緊急事態の発生を想定したさまざまな準備を行う段階である。危機管理(防災)計画の策定や教育訓練の実施などが行われる。

緊急事態対応段階には、緊急事態の発生直後から災害の進展が停止して事態が終息するまでの時期が含まれる。緊急通報、救急、避難、防災活動などが実施される。このうち異常発生の最初の検知、緊急事態の宣言、必要な人員の召集と組織化など、緊急事態発生直後の初期段階での対応を初動と呼ぶ。

緊急事態終息から通常状態に復帰するまでが復旧段階であり、ここでは発生した損害の修復と補償、再発防止策の実施、社会的信用の回復などが行われる。

10.7.1　事前準備

事前準備段階では、まず組織メンバーの危機管理における権限、役割、指揮

図表 10.6　危機管理の 3 つのフェーズ

フェーズ	行うこと
事前準備	・危機管理組織体制の整備 　－権限、役割、指揮命令系統の明確化 　－機能班の設置とスタッフの配置 　－重要メンバー不在時の代員関係の明確化 ・緊急連絡網の構築 　－外部組織を含む連絡担当の決定 　－バックアップも考慮した連絡手段、参集手段の検討 ・危機管理（防災）計画の策定 　－想定シナリオごとに具体的な対応マニュアルの作成 　－緊急事態の定義の明確化 　－ロジスティクス、スタッフの交代についての検討 　－必要な機材、設備の整備 ・教育、訓練の実施　など
緊急事態対応（初動を含む）	・異常発生の検知 ・緊急通報 ・緊急事態の宣言 ・必要な人員の招集・組織化 ・救急 ・避難 ・防災活動　など
復旧	・施設、設備の復旧 ・事業の再開 ・被災者への補償、原状回復 ・資金計画　など

命令系統を明確にすることによって、危機管理のための組織体制を整備しておかなければならない。特に緊急事態発動や退避、避難の決定権者を定めることは重要である。さらに統括(本部)、情報管理、救命救急、避難誘導、防災活動、広報などの役割ごとに機能班を設置し、スタッフを配置して危機管理組織を構成する。緊急事態がいつ発生するかは予測できない。組織の重要メンバーが不在の場合も想定される。したがって、危機管理組織におけるスタッフの代員関係を明確にしておくとともに、日常のリスクマネジメント組織にとらわれずに組織メンバー全員が機動的に参画できるような体制を準備しておく必要がある。

次に、組織メンバーへの緊急連絡網を構築する。緊急連絡網では、組織内部に加えて、消防、救急、警察、行政機関、関連組織など、外部の必要な連絡先とその連絡担当者を決めておかなければならない。さらに緊急連絡網に加えて、危機管理組織のスタッフが参集するための手段を考える。また連絡手段、参集手段の双方に関して、使用不能となった場合のバックアップ手段を考えておかなければならない。

また、緊急事態に対してどう対応するのかを危機管理計画として定めておかなければならない。

そのために、起きるかもしれない緊急事態の状況や損害などシナリオを想定し、その想定シナリオごとに対応の具体的内容をマニュアル化しておく。特にどのような状況を緊急事態と考えるかという、緊急事態の明確な定義を行うことが重要である。これに従って緊急事態を宣言し、緊急事態対応が開始される。危機管理計画においては、緊急事態対応のための直接的活動に加えて、その後方支援、物資補給など、ロジスティックス（logistics）と呼ばれる活動や、スタッフの交代、休憩について考えておくことも必要である。その必要性は緊急事態がどの程度の期間にわたって継続するかに左右され、継続期間が長いほど重要性は高くなる。

危機管理計画が策定されたら、その実施に必要な機材や設備を整備する。まず、危機管理の統括の拠点となる場所を決定し、そこに意思決定、情報管理、指揮命令に必要な機能を整備する。このような拠点は災害対策本部などの呼称で呼ばれる。大組織や行政機関では専用の設備を設けているところもあるが、使用機会が少なく経済的ではない。余力のない組織では、緊急時に通常設備を直ちに転用できるような体制を整備することが重要である。次に、緊急時に使用可能な通信設備、防災設備、防災器具、情報機器、非常用備蓄品などを整備する。そして、これらの設備機器や消耗品には定期的な点検、保守、補充を行うようにする。

危機管理計画を策定してマニュアル化したら、これを組織メンバーに周知し、実際の緊急時に確実に実行できるようにしておかなければならない。そのため、危機管理のための教育訓練を一定の頻度で実施する必要がある。訓練には定期的に行うものと、時期を予告せずに抜打ちで行うものとがある。定期的訓練は形式的になりやすいため、一般的に抜打ち訓練の方が有効であると考えられている。しかし抜打ち訓練は日常業務への支障が大きく、組織全体の参加を得にくい。また、定期的訓練の事前準備によって学習効果が期待できる。したがって、定期的訓練が劣っているとは必ずしもいえない。定期的訓練であっても、想定シナリオを伏せて行う覆面訓練や、実施ごとに想定シナリオにバリエーションをつけるなど、形式的になるのを防ぐ工夫が可能である。初動時における最初の緊急通報とスタッフの参集に限定した、抜打ちの初動、参集訓練も有効である。なお **10.5** 節に述べたように、教育訓練においても評価と見直しを行い PDCA サイクルを回すことを忘れてはならない。

10.7.2 緊急事態対応

緊急事態対応においては、意思決定に必要な情報が各所から決定権者に、指令、命令が決定権者から実行組織に確実に届くようにするための情報管理が重要である。異常の発見者から危機管理組織にもたらされる第一報は、迅速かつ的確な危機管理にとってきわめて重要であり、異常を発見した場合の措置や連絡先などは危機管理マニュアルに明記するとともに、組織メンバーに周知しておかなければならない。状況の推移に関して各所からもたらされる情報は、できる限り危機管理組織に実時間で集めて一元管理し、不確かさや相互矛盾を除去するとともに、危機管理組織全体で共有することによって意思決定に活用しなければならない。そのための統合型防災情報システムの開発が進められている。

情報管理においては、社会やマスコミに対する適切なリスク情報の公表も考慮されなければならない。緊急時におけるリスク情報の秘匿や不適切な情報の流布は人々の不安を喚起し、損害の拡大、対応の遅れ、パニック、風評被害、社会的信用の失墜などを引き起こす。タイムリーで適切な内容でのリスク情報の公表が望まれる。リスク情報の公表では、そのタイミングと内容の決定に注意が必要である。社会の不安を抑えるためには、緊急事態発生後、できるだけ速やかな公表が望まれる。一方、緊急事態発生直後には状況が十分に把握できないことが多いので、不確かな情報を公表することになってかえって不安をあおる結果になりかねない。したがって、公表の迅速さと正確さとの間にはトレードオフがあることを考慮し、公表の時期を判断することになる。

また、定期的な公表と何らかの状況変化を受けての公表とを適切に組み合わせることも必要で、新しいことが何もないからという理由で公表を長期間行わないという対応も社会不安を引き起こす。緊急事態における情報公開は組織の社会的信用に大きく影響するだけに、事前に十分な準備と訓練を行うことによって危機に備えておくことが重要である。このため、平時から公表すべき情報の種類と公表の頻度、方法を分類、規定しておくことが有効である。

10.7.3　復旧

復旧段階では、損壊した施設、設備を復旧し、事業の再開が行われる。被害を被ったスタッフとその家族、関係者、組織外の一般人に対して、その被害の補償を行う必要がある場合もある。その際に、経済面ばかりでなく被災者の心のケアが重要となることもある。さらに、周辺環境に悪影響を与えた場合にはその原状回復が、事故や不祥事によって組織の社会的責任が問われた場合には、棄損した組織の信頼やブランドイメージの回復が必要となる。そして以上のような活動を行うにあたり、長期にわたる資金計画が重要である。

第11章

リスクコミュニケーション

11.1　リスクコミュニケーションとは

11.1.1　リスク情報の伝達

個人や組織が安全に関して意思決定をするためには、リスクに関する情報、すなわちリスク情報が必要である。リスク情報を人から人に伝えるリスクコミュニケーション(risk communication)が重要となる。人々にリスク情報が伝えられなかったり、誤ったリスク情報が伝えられたりすれば、正しい意思決定ができない。また正しいリスク情報が伝えられたとしても、相手がその内容を理解できない場合や、誤解した場合にも、やはり正しい意思決定ができない。

リスクコミュニケーションは、リスク情報を所有する送り手からリスク情報を必要とする受け手に対する情報伝達の過程である。一般的に、送り手はリスクに関する知識を有するリスク専門家である。一方、受け手はそのような知識をもたない一般市民である。伝達に際して、リスク情報は文章、音声、図表、ビデオクリップなどの具体的形式に表現されるが、そのようなリスク情報の表現のことをリスクメッセージ(risk message)と呼ぶ。送り手はリスク情報をリスクメッセージに表現して受け手に送り、受け手は受け取ったリスクメッセージからリスク情報を読み解く。伝達されるリスク情報には、リスクそのものの特性や大きさに関する情報ばかりでなく、「リスクメッセージをどう解釈してリスク情報を取り出したらよいか」や「リスク情報を意思決定にどう活用したらよいか」といった、リスクメッセージやリスク情報の取扱い方に関する上位(メタ)レベルのリスク情報が含まれる。

しかし最近では、以上のような送り手から受け手に向けた一方的な情報伝達ではなく、受け手から送り手に対する意見や要求の表明など、受け手の反応も含めた双方向的な過程としてリスクコミュニケーションを考えるべきであるとされている。その理由は後述するが、リスクコミュニケーションは有識者が無知な公衆を教育するという啓蒙的なニュアンスや、送り手と受け手という明確な区別とは無縁な概念になりつつある。このような双方向的な過程も含むものとして、リスクコミュニケーションを、個人、組織、集団間でのリスクにかかわる情報や意見のやりとりの相互作用であると定義する[1]。

11.1.2　リスクコミュニケーションが必要な状況と目的

リスクコミュニケーションが必要とされる状況には、大きく個人的選択と社会的論争の2つがある[2]。個人的選択は、人々が個人的な行動を選択する際に安全について考慮しなければならない場合である。例えば、消費者が多くの市販品の中からある商品を選択する場合、患者が複数の治療方法から自分が受ける治療を選択する場合、災害時に住民が避難するかどうかを決断する場合などである。これらのケースで、個人が安全の観点から合理的な選択をするためには、正確なリスク情報が提供されなければならない。

一方、社会的論争の状況とは、リスクにかかわる社会的決定をする場合である。例えば、ハザードである空港、原子力発電所、化学プラント、廃棄物処分場などの立地選定、環境破壊の恐れのある大規模開発の是非、未知のリスクをともなう先端科学技術の導入などについて、社会的決定を行う場合がこれに該当する。この場合には、その社会的決定の結果、便益を得る人、リスクを負う人、リスクマネジメントに責任を負う人など、さまざまな利害関係者がいるので、その間の利害調整が必要となる。リスクコミュニケーションは、こうした状況において合理的な選択、決定をするための基礎となる。

リスクコミュニケーションの目的には、受け手にリスク情報を与える情報提供と、受け手の信念や行動を望ましい方向に誘導する感化、説得とがある。情報提供の目的では、送り手と受け手の間で問題に対する理解が深まり、人々が入手可能な情報を的確に与えられたと認識し、満足している状態になった場合に、リスクコミュニケーションは成功したと考えることができる。一方、感化、説得の目的では、問題の理解がどうであれ、受け手が送り手の望む方向に信念や行動を変化させたことをもって、リスクコミュニケーションは成功したと考えることができる。

しかし、感化、説得だけを目的とするリスクコミュニケーションは失敗する可能性が高い。受け手の信念や行動の変化だけを期待したリスクコミュニケーションを行ってはならない。

11.2　一般市民のリスク認知

11.2.1　リスクイメージ

一般市民のリスクの感じ方は、さまざまな心理的、社会的要因に左右される。そのため、損害の重大性とその発生確率によって定義される専門家のリスクから乖離する[3]。この乖離が、専門家と市民とのリスクコミュニケーションを困難にするので、一般市民のリスク認知特性に配慮する必要がある。

図表11.1は、「危ないもの」に対して抱くイメージについてのさまざまな質問に対して、米国の一般市民から得られた回答を因子分析した結果である[4]。

一般市民のリスクイメージは主に「恐ろしさ」と「未知性」の2つの因子によって形成される。これは米国以外の社会にも、かなり一般的に見られることが知られている。このうち、恐ろしさ因子は次のような性質に関係する。

恐ろしさ因子が関係する性質

制御不能性：人の能力や現状技術では現象の制御が非常に困難である。

結果の非回復性：損害が発生してしまうとその回復や補償が非常に困難である。

致命性：健康被害が発生すると被害者が死にいたる可能性が非常に高い。

未来世代への影響：リスクを選択した現世代ではなく未来世代に損害が発生する。

非自発性：リスク負担が自発的選択ではなく他者の決定によって強要される。

非公平性：リスク負担が不平等か、社会的決定が公正な手続きに従っていない。

また、未知性因子は次のような性質に関係する。

未知性因子が関係する性質

不可視性：ハザードの存在が人の感覚で直接知覚できない。

新規性：過去に人間社会が経験していない種類のリスクである。

遅延的影響発現：ハザードに曝露されてから被害発生までに時間遅れがある。

科学的未解明：科学的知見が不足しているか、専門家の見解が一致しない。
情報の入手性：リスクに関する情報や他人の体験談が入手しにくい。

なお、**図表 11.1** でマークの大きさはリスク低減の行政的対応に対する一般市民の要求の強さを表す。「恐ろしさ」「未知性」ともに高いほど規制要求が強い傾向を示している。

このように、損害の重大性と発生確率以外のさまざまな要素が、一般市民や社会にとってのリスクを特徴づけている。中でも、そのリスクを負担することが自分自身の自発的選択によるものか、他者の決定によって強要されたものかがリスクイメージに大きく影響し、**2.4 節**で述べたようにリスクの許容限度を左右する。

一般的に非自発的リスクは自発的リスクよりも重大であると認識される。非

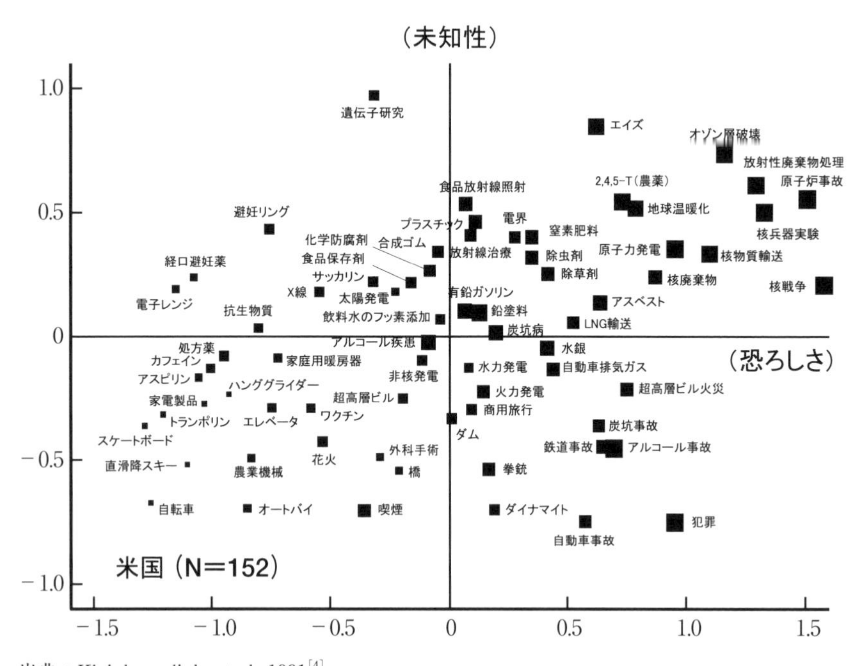

出典：Kleinhesselink, et al., 1991[4]

図表 11.1　一般市民のリスクイメージ

自発的リスクでは誰が損害の発生に対して責任を負うかが社会的問題になる。

責任の所在があいまいにされた場合に、一般市民は非自発的リスクに対してきわめて非寛容になり、ゼロリスクを要求することが多い。また、リスク負担によって得られた便益を誰が享受するのかという問題も重要である。リスク負担者と受益者が一致しない場合には負担感が増幅され、深刻な社会対立に発展することがある。廃棄物処分場や原子力発電所の立地をめぐる都会と地方との対立感情は、こうした要因によるものが大きい。受益者と一致している場合でも、リスク負担が一部の人に偏っていると不公平感を呼び、リスクの負担感を増幅する。

また、民主主義的な社会においては、リスク負担に関する社会的決定がどのような手続きによって行われたかが重要である。不公正な決定手続きによって負わされるリスクに対しても一般市民のリスク認知は大きくなり、きわめて非寛容な態度をとることが多い。決定手続きの公正を担保するためには、後述する参加型アプローチをとる必要がある。

根源的な問題として、リスクを定義するうえで何を損害と考えるかは人間社会の価値観に依存し、科学的に決定されるべきものではない。多くの場合に、リスクは人命か健康に対する危害を暗黙の前提に議論されるが、経済的利益、自然環境、生物多様性、コミュニティー、歴史遺産、文化、信仰、政治信条など、人が危害から護るべき価値を認める対象は多様である。したがって、リスクコミュニケーションにおいては、画一的な価値観を強要しないような注意が必要である。

11.2.2 認知バイアスとヒューリスティックス

人はしばしば合理的なリスク判断に失敗する。その背景には人の思考に特徴的な傾向や戦略が関与している。

人の思考に特徴的な傾向は認知バイアス（cognitive bias）と呼ばれる。**図表11.2** は、自動車事故の年間死亡者数を与えたうえでさまざまな死因による年間の死亡者数を多数の被験者に推定してもらった結果をプロットしたものである。直線は実際の死亡者数と推定値との対応を、曲線は推定値のフィッティング曲線を表す[5]。この図から、人が小さいリスクを過大に評価し、大きいリスクを過小に評価する一般的傾向があることが明らかである。また、フィッティング曲線の上側に過大評価される事象と下側に過小評価される事象とを比較す

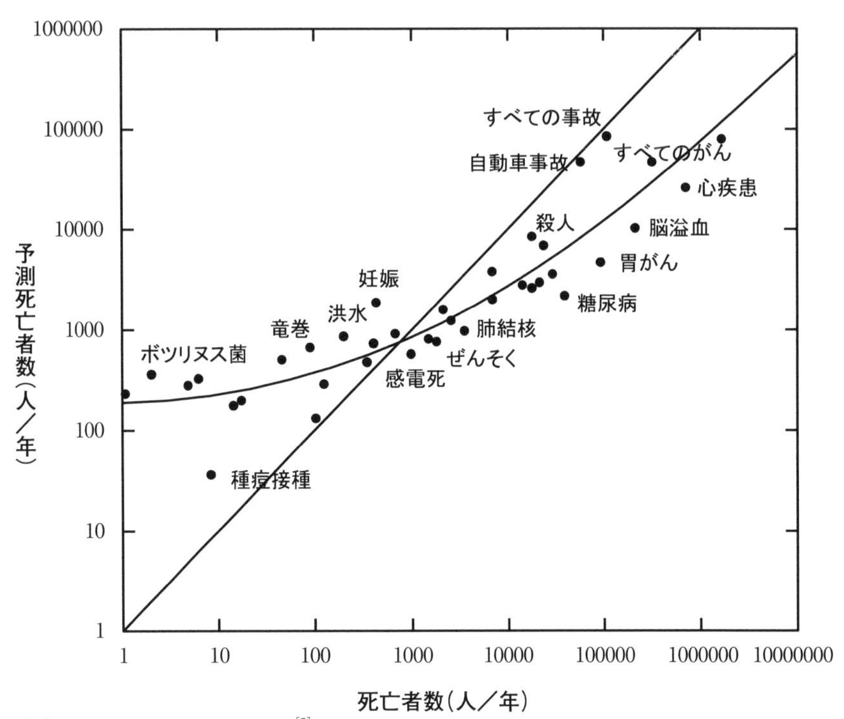

出典；Lichtenstein, et al. 1978 [5]

図表 11.2　一般市民のリスク認知の傾向

ると、絶対的なリスクの大小にかかわらず、過大評価されるのは事故などの非日常的で記憶に残りやすい事象である。それに対して、過小評価されるのは疾病などの日常的で地味な事象であることがわかる。一般市民のリスク認知にはこうした傾向が存在することがわかっている。

人の思考はだいたいにおいて合理的である。しかし、時間が十分にない、情報が不足している、心的負荷が過大であるといった状況においては、合理的で労力を要する推論法よりも、多少非合理的でも簡便で迅速な推論法を好む傾向がある。人が経験的に獲得し、日常的に使用している推論法であって、非合理的ではあっても多くの場合に正しい結果をもたらす推論法をヒューリスティックス（heuristics）と呼ぶ。人が確率統計的判断を求められた場合に用いるヒューリスティックスがいくつか知られている[6]。

代表性ヒューリスティックスは、事象の発生頻度ではなく母集団を代表している心的尺度で判断してしまうものである。例えば、ある街の6人兄弟の男女構成が上から「男女女男女男」の兄弟と、「女女女女男女」の兄弟とではどちらが多いかを聞かれた場合に、多くの人は前者が多いと答える。それは代表性ヒューリスティックスを使っているためである。男女の出生比が1：1であるならば上記2事例の出現確率は同程度のはずであるが、人は前者にランダム性を、後者に規則性を感じて前者がよりランダムな現象を代表し、発生しやすいと判断する。ギャンブルにおいて、「負けが込んだのでそろそろ運が向く」と思ってしまう「賭博師の誤謬」もこれと類似の現象である。

次に、事象の実際の発生頻度ではなく、記憶から想起できる事例数で判断してしまうのが入手性ヒューリスティックスである。先頭がkで始まる英単語と先頭から3番目にk を含む英単語ではどちらが多いかを聞かれた場合に、事例を想起しやすい前者が多いと答えてしまうのは入手性ヒューリスティックスのためである。同様に、マスコミ報道される事象や衝撃的で記憶に残りやすい事象の発生頻度を実際よりも高く評価してしまうのも、入手性ヒューリスティックスのためである。

シミュレーションヒューリスティックスは、物事の起こりやすさをシナリオの因果性の明確さで判断するものである。このため、事象連鎖が長くてシナリオ全体の発生確率がきわめて低くても、個々の事象連鎖の因果が明確ならばそのシナリオが起こりやすいと錯覚してしまう。「風が吹けば桶屋が儲かる」というのは、シミュレーションヒューリスティックスの非現実性を揶揄する話である。個々の因果関係が明確だとしても、それが非常に多数連なったシナリオは現実には滅多に起きない。

11.2.3　フレーミング効果

確率統計的には同じ状況であっても、問題提示の文脈によって人々が受ける心象が異なるのがフレーミング効果(framing effect)である。以下に示すのは、フレーミング効果が顕著に表れる有名な例である[7]。

フレーミング効果の顕著な例

米国政府が特殊なアジアの疫病に対する対策を検討している。対策をとらないと600 人の死者が予想される。以下の2つの対策のうち、どちらが好ましいか。

【ポジティブフレーム】
・対策Aをとると200人が助かる。
・対策Bをとると1/3の確率で600人が助かるが、2/3の確率で1人も助からない。

【ネガティブフレーム】
・対策Cをとると400人が死ぬ。
・対策Dをとると1/3の確率で1人も死者が出ないが、2/3の確率で600人の死者が出る。

4つの対策は助かる人数の期待値として同等であり、さらにネガティブフレーム(negative frame)はポジティブフレーム(positive frame)を単に裏返しに記述したものに過ぎない。しかし、多くの人はポジティブフレームでは対策Aを好み、ネガティブフレームでは対策Dを好む。

このような現象が起きるのは、人が確実な利益を不確実な利益よりも好み、逆に確実な損失を不確実な損失よりも嫌う傾向があるためであると考えられている。すなわち、ポジティブフレームでは1人も助からない可能性がある対策Bよりも確実に200人が助かる対策Aを好み、ネガティブフレームでは1人も死者が出ない可能性が残る対策Dよりも確実に400人が死亡する対策Cが忌避される。

このように、人の判断は合理的な確率統計論に従わないことが多いので、リスクコミュニケーションにおいてはコミュニケーションの方法やメッセージの表現に特別の注意が必要である。

11.3　コミュニケーションデザイン

11.3.1　感化技法

受け手の信念に影響を与え、送り手が望む方向に行動を変化させるのに有効なテクニックがいくつか知られている。このようなテクニックを感化技法、あるいは説得技法と呼ぶ。リスクコミュニケーションに関連する感化技法には、以下のようなものがある[1][2]。

(1)　選択的強調

本質的情報に絞ってリスクメッセージを組み立てるのが選択的強調である。一般的にリスクメッセージの受け手は専門家ではないので、詳細なリスク情報を提供されても、それを理解することはむずかしい。そこで送り手がリスクメッセージを作成する際に、重要な情報を強調し、重要でない情報を省略して、受け手の理解を容易にすることが効果的である。

(2)　両面的コミュニケーション

送り手の立場にとって有利な情報だけでなく、不利な情報も伝えるのが両面的コミュニケーションである。不利な情報も伝えることによって、受け手は送り手が誠実であるという印象をもち、感化に有効な場合がある。ただし、送り手の感化目的の有無にかかわらず、問題の両面を伝えることは公正なリスクコミュニケーションとして必要な態度である。

(3)　フレーミングの工夫

リスク認知に見られるフレーミング効果を応用し、説得に有利なフレームでリスクメッセージを組み立てる。例えば、結果が確実な選択肢を選ばせたければポジティブフレームを用い、結果が不確かな選択肢を選ばせたければ、ネガティブフレームを用いて問題を記述することが考えられる。

(4)　リスクの比較

問題となっているリスクを身近なリスクや許容されているリスクと比較し、なじみのないリスクの大きさについて具体的なイメージを喚起する。リスクの比較では、**図表 11.3** に示すようなリスクの梯子がよく用いられる。しかし、このリスクの梯子には不確かさの幅が与えられておらず、リスクを評価した際の前提も一切記述されていないので、公正なリスク情報を表現しているとはいえない。また、一般市民は対数尺度に慣れておらず、数値の大きさについて誤った理解をする恐れがある。一般的に、質的に異なるリスクを比較した場合には、リスクの比較が必ずしもリスクコミュニケーションに役立つとは限らない。

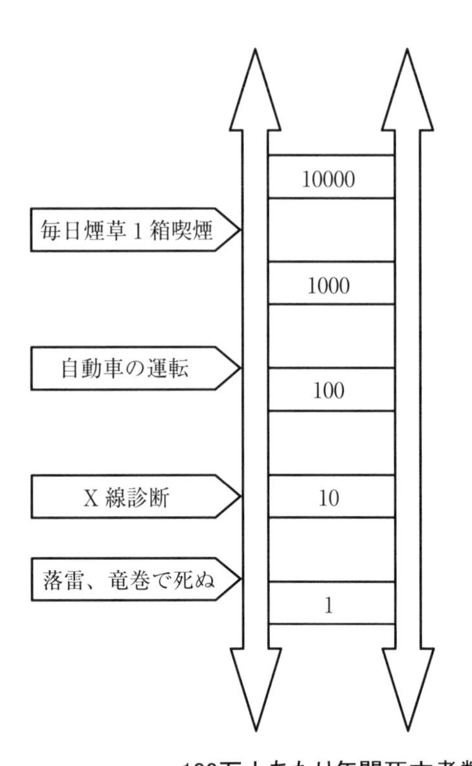

図表11.3　リスク比較のためのリスクの梯子

(5)　感情の利用

恐怖、自尊心、罪悪感、帰属意識など、特定の感情を喚起するようなメッセージを用いると、人を行動に駆り立てるように仕向けることが容易になる。特にリスクコミュニケーションに関連するものとして、人々に恐怖感情を喚起させてリスク回避行動をとらせる恐怖喚起コミュニケーションがある。恐怖喚起がリスク回避にどの程度効果があるかについては、過去の研究によるさまざまな知見がある。

(6)　事実の利用

送り手の主張の根拠となる事実をあげることによって、リスクメッセージの説得性を向上させることができる。わざと反対の主張を行ってからそれを否定する事実をあげるなど、感化の効果をあげるテクニックが考えられている。

(7) 権威の利用

非専門家が、自分では判断するための知識や能力がないと感じたり、判断する手間を惜しんだりする場合には、誰か信頼できる専門家の判断に従おうとするものである。そこで、送り手の立場を支持する学識経験者や社会的指導者の発言を引用することによって、受け手を感化することが考えられる。

(8) 感化技法を用いる場合の注意点

(1)～(7)のような感化技法を用いる場合、リスクメッセージに虚偽、誤り、詭弁、意図的隠蔽が含まれてはならないことはいうまでもない。しかし虚偽や誤りがないからといって、感化技法をいくらでも使ってかまわないというわけではない。送り手が受け手に対して情報提供の意図なしに、説得のみを意図して感化技法を駆使した場合、受け手が送り手のそのような真意に気づかないうちは感化に成功するかもしれない。しかし、受け手がいったん送り手の真意を知ってしまったならば、送り手は信用を失い、リスクコミュニケーションは完全な失敗に終わるであろう。

リスクコミュニケーションの目的に情報提供と感化の2面性がある以上、送り手が感化技法を用いることを完全に否定はできない。受け手の態度変容をまったく期待しないで行われるリスクコミュニケーションは、意味がないといってもよいであろう。しかし、感化技法を用いることが倫理的にどの程度許容されるかは、非常に微妙な問題である。その限度は、対象課題、送り手と受け手の関係、社会の成熟度、国民性、文化などに左右され、一概にいうことはできない。ただし、どの程度まで感化技法が許され、どのような感化技法が不適切と判断されるかについては、何らかのガイドラインを用意し、社会的に合意しておくことが望ましい。

11.3.2 失敗するリスクコミュニケーション

残念ながら必ず成功につながるリスクコミュニケーションのノウハウは存在しないが、逆に確実に失敗に終わるリスクコミュニケーションの「まずいやり方」を指摘することはできる[1]。少なくともそういったまずいやり方を避けることが、リスクコミュニケーションに成功するための必要条件である。

リスクコミュニケーションにおいてまず避けなければならないのは、正確でないリスクメッセージを送ることである。事実と異なる正当化できない立場の擁護や、欺瞞、表現の誤り、強要があったとの評判は、情報源の信頼性を損ない、リスクコミュニケーションを不可能にする。公開された情報の一部に隠ぺいや改ざんがあったことが後になって発覚し、当事者が社会的信用を失墜させた事例には事欠かない。

あらゆる組織は自己の利害と矛盾するようなメッセージは出したくないものである。自己の利害と矛盾しないように情報の内容や表現を偏らせたり、歪めたり、あるいは隠したりしたいという誘惑にかられる。しかし、リスクメッセージの受け手はそのメッセージの内容だけからその正確さを判断するわけではなく、多くの場合、情報源や伝達者の評判によって判断する傾向がある。したがって、リスクコミュニケーションへの過去の態度に対する評判はきわめて重要である。多くの場合、民間企業は公的機関や中立機関に比べると信用されていないが、これは民間企業が常に経済的利益を追求するように動機づけられていると信じられているからで、平時からこの偏見を克服する努力が必要である。

またメッセージが以前の立場と矛盾する場合には、社会的信頼を維持することがむずかしくなる。科学や技術は進歩し、社会的状況は変化するにもかかわらず、人々は科学的真理が永遠不変であるという認識をもっているので、以前の立場と矛盾するメッセージは情報源の能力に対する不信につながる。したがって、新たな科学的知見が得られた場合、科学上あるいは政策上の解釈が変わった場合などには、その理由を説明することに十分腐心しなければならない。

1990年に英国において牛海綿状脳症(Bovine Spongiform Encephalopathy：BSE)が社会的な大問題になってしまった背景には、政府委員会の科学者たちが一度は人に感染しないと明言しておきながら、後になって見解を翻したことがあるといわれている。不完全な知見しかない状況でのリスクコミュニケーションのむずかしさを浮き彫りにしている。

他の情報源と矛盾するメッセージも情報源の信頼を損ねる。利害対立している団体は自分に都合のよい証拠を提示してその立場を擁護しようとする。科学的実証によっていずれが正しいかに決着がつけば問題はないが、不完全な知識にもとづく判断を余儀なくされるために、専門家の間ですら見解が一致せずに証拠の解釈論争になる場合が多い。このとき、科学的知見の違いにもとづく対立と、政治的利害にもとづく対立とを区別して考えることが重要である。しかし、後で述べるように科学技術と社会との相互依存性が強くなった現代では、この区別をつけることは困難になりつつある。

当事者としての専門能力を疑われるようなメッセージも、リスクコミュニケーションの障害となる。伝達者に専門的知識が不足している、十分な情報が与えられていない、判断の権限が与えられていないことなどを示唆するメッセージを受け取った受け手は、コミュニケーションそのものに価値を認めなくなる。

さらにたとえリスクメッセージが正確な情報を伝えていたとしても、それが公正でないと判断される場合にリスクコミュニケーションは失敗する。公正なリスクメッセージの第１の要件は、それが法令などにかなった合法的なものであることである。特に、行政機関が発するメッセージは、それが行政責任の範囲内の課題に関するものであり、法的根拠を有するものであることを必要とする。

送り手が最良と思う選択肢だけで代替案が示されていないリスクメッセージや、対立する主張が検討された形跡のないリスクメッセージも理解を得られない可能性が高い。すべての主張に耳が傾けられ、公平に取り扱われることを示すことが重要である。意思決定への参加や意見表明の機会がないような、一方的なリスクメッセージの効果は限定的にならざるを得ない。リスクコミュニケーションは双方向的な過程であり、受け手の参加を求めているというメッセージを盛り込む必要がある。

最後に、受け手に理解できないようなリスクメッセージには意味がない。非専門家に対しては難解でなじみのない用語、略語、数値表現、単位の使用は避けるべきである。特に直感的に理解できない確率統計概念、具体的には日常生活からは想像がつかない非常に小さい確率値や、条件付確率などを用いる際には注意が必要である。

リスク比較の問題点については、すでに述べたとおりである。受け手のニーズに応えていないリスクメッセージは注目されない。受け手にはさまざまな利害、興味、教育レベルの人々がいることに配慮し、受け手のニーズにマッチしたリスクメッセージを組み立てることが求められる。

11.3.3　リスクメッセージの組立て

リスクコミュニケーションによって受け手の合理的意思決定を促進するために、リスクメッセージにはできる限り以下に示すような情報を盛り込む必要がある[1]。

(1)　リスクの性質

懸念すべきハザードの種類、量、所在、ハザードへの曝露によって生じる可能性のある損害の種類、性質、規模、発生確率、リスク負担をするのは誰か、自発的リスクか非自発的リスクか、個人によるリスク回避の可能性、リスク負担の公平性、後世への影響、集団に対するリスクなど、定量的リスク評価の結果ばかりでなく、一般市民のリスクイメージに影響するリスクのさまざまな性質についての情報を提供しなければならない。

(2)　リスクと取引される便益の性質

リスクの性質に加えて、リスク負担と引換えに得られる便益の性質についての情報も同時に提供する必要がある。これには、便益の種類、大きさ、受益者、分配などについての情報が含まれる。便益には、企業収益、個人収入の増加、地域経済の活性などの経済的なものと、生活水準の向上、国民福祉の向上、文化振興、環境保全、治安、安全保障などの非経済的なものとがあり、また直接的便益に加えて間接的便益がある。

(3)　利用可能な代替案に関する情報

意思決定者は、同等の便益を得るための複数の代替案、あるいは同等のリスクを回避するための複数の代替案を提示するとともに、各代替案を採用した場合に予想されるリスクあるいは便益、ならびに要する費用の比較に関する情報を提供し、リスクトレードオフを明確にしなければならない。代替案には、何も行動をとらずに事態を放置した場合を含めるべきである。

(4)　リスクと便益に関する知識の不確かさ

リスクと便益を評価する際の基礎となる入力データの不確かさ、評価の前提とした想定、評価に用いたモデル、理論、近似などの不完全性、専門家判断の信頼性、状況や環境の変化の可能性など、評価結果に影響する不確かさ要因についての情報を提供しなければならない。

(5) リスクマネジメントに関する情報

リスクマネジメントに責任をもつのは誰か、その法的根拠、リスクマネジメントにかかわる決定の手続き、決定の実施体制など、リスクマネジメントが確実に実施されることを立証するための情報を提供する必要がある。

11.4 参加型意思決定

11.4.1 ポストノーマルサイエンス

従来、知的好奇心によって動機づけられる基礎科学は、政治や社会とは独立に真理の探究を行う営みと考えられ、何が真理かを判定する独占的な地位を占めてきた。科学的真理は社会的価値と独立に存在する。あらゆる社会状況の変化にも、科学的真理は不変であるとされてきた。したがって、リスクにかかわる社会的決定を合理的に行おうとするならば、基礎科学的研究の結果明らかとなった知見に従って決定すべきであり、そこには少しの疑義も差し挟む余地がないものと考えられてきた。しかし、科学技術と社会との関係が変容した現在、このような科学と社会的決定との関係は、もはや成り立たなくなってきている。

伝統科学の実証方法に従ったリスクにかかわる決定は、例えば以下のように行われる。

伝統科学の実証方法に従ったリスクにかかわる決定の例

いま発がん性のある化学物質の環境許容濃度をxとすべきか否かを決定したいと仮定する。そのためには、xより高い濃度の環境で生活した人の発がん率Sと、xより低い濃度の環境で生活した人の発がん率Tとを科学的に正しいと認められた方法で評価する必要がある。そして、$S > T$が統計的有意性をもっていれば環境許容濃度をxとする選択を採用する。そうでなければこの選択を棄却すべきである。

このような伝統科学の実証法に従った問題解決スタイルのことを、ノーマルサイエンス(normal science)と呼ぶ。

しかし現実では多くの場合に、ノーマルサイエンスにもとづく決定は実行不可能である。例えば上記の例で発がん率SとTとの間の差異を統計的有意性をもって示すためには、多数のサンプルを対象とする長期にわたる調査や実験が必要であるが、そのような研究の結果が出るまで決定を先延ばしにできないことが多い。すなわち、決定を先延ばしにして何もしない間に被害者や損失が発生するリスクがあるため、現実世界での決定はある有限な時間制約の下に行われなければならない。この場合の決定は、完全な知識にもとづく合理性ではなく、不完全な知識にもとづく限定合理性の下に行われることになる。

統計的有意性を示すためには非現実的なほど多くのサンプルが必要なため、どんなに時間的余裕を与えられても調査や実験を実施することが不可能な場合がある。また、科学的実証がまったく不可能な場合もある。例えば、致死性毒物の毒性について人体実験を行うことは倫理的に許されないし、大規模災害による損害発生を実験的に実証することもできない。このような場合には、理論的モデル、シミュレーション、動物実験などで得られた知見を現実に外挿する方法が用いられるが、その結果には不確かさがともなう。そのため、結果の解釈をめぐって科学者の間で見解が一致しないということが起こり得る。また、科学研究に十分な時間が与えられたとしても不確かさがなくなるわけではなく、有意水準の範囲内で限定合理的であることに変わりはない。

さらに根本的な問題として、リスクを定義する際の価値対象をどう考えるか、リスクの許容限度をどこに設定するかなど、人々の価値観に依存する問題が存在する。このような問題には科学は答えられないし、また答えるべきでもない。

以上のような理由から、安全に関する問題の多くは、もはやノーマルサイエンスでは決着がつけられない。このような状況を、ポストノーマルサイエンス(post normal science)、あるいはトランスサイエンス(trans science)と呼ぶ[8]。

ポストノーマルサイエンスにおいては、もはや科学は社会との独立性を保つことができない。また、科学研究に必要な資金の多くは社会から提供される以上、どのような研究に資金を配分すべきかも社会的に決定される。科学者は研究費を得るために、社会的に関心の高い研究テーマを設定し、社会的に望ましい方向で成果を出そうとする。

11.4.2　手続き的正当化論

ノーマルサイエンスが機能した時代には、科学が真理を判定する独占的な地位を占めていた。そのため、科学的知識にもとづく社会的決定の場面では行政が専門家の学説を根拠として決定を行うスタイルがとられてきた。そこには専門家ではない一般市民の意見を反映する余地はほとんどない。すべての決定がパターナリスティックに行われ、結果だけが一般市民に告知される。このような社会的決定のスタイルを技術官僚モデルと呼ぶ。

しかしポストノーマルサイエンスの時代において、技術官僚モデルはもはや機能しない。専門家の主張には不確かさや留保がつきまとい、専門家の間ですら見解が一致せず、真理判定を独占する権威を失う。

それでは、ポストノーマルサイエンスの時代における社会的決定の正当性は何を根拠とすべきであろうか。政治社会学の分野において、倫理的規範や権威による正当化に期待できない現代社会では、公正な手続きに従った統治が正当性を有するとする手続き的正当化論が唱えられている[9]。手続き的正当化論は正当性判定に関する絶対基準を必要とせず、また被治者の合意を重視する民主主義の価値観にもマッチした考え方である。

ハーバーマス（J. Habermas）は手続き的正当化について、偶発性や強制から自由なコミュニケーションにより達成された理性的合意を根拠とする支配が正統性を有するとしている。ノーマルサイエンスによる科学的真理という絶対基準を失った時代のリスクにかかわる社会的決定は、この手続き的正当化論に依拠せざるを得ない。すなわち、決定が正当性を有するものとして広く社会に受容されるためには、行政が専門家と相談して密室で決定するのではなく、非専門家である市民を含めて自由な議論を行い、合意を形成する方式への移行が強く求められるようになってきた。

過去には生活を豊かにしてくれるものとして科学技術に対して人々は無条件に肯定的な印象を抱いていた。戦争、公害、薬害、事故、環境破壊などの経験を通して人々の科学技術に対する目は懐疑的になり、科学者に対する信頼も揺らいでいる。社会に与える科学技術の負の側面を抑制するためには、科学技術の発展の方向性を社会が監視する必要があると考える市民が多くなっている。

このため、技術官僚モデルによる決定に異議を唱える「モノをいう人々」や「憂慮する人々」が増えている。これと並行して、議会制民主主義が必ずしも多数意見を反映できていないと考える人々が増えて、その欠陥を補うものとして直接住民投票などの導入が要請されるようになった。また、行政に対する市民の監視の目も厳しくなっており、情報公開や説明責任に対する要求が高まっている。こうした時代背景から、リスクにかかわる決定が社会に受容されるためには利害関係者や問題に関心のある人々の決定過程への実質的参加が必要となっている。

11.4.3　リスク協議

リスクにかかわる社会的決定における参加型アプローチへの社会的要請を受けて、米国研究審議会(National Research Council：NRC)は、リスク協議(risk deliberation)という新たな概念を提案している[10]。**図表11.4**にリスク協議にもとづく意思決定の過程を示す。リスク協議とは、利害関係者や問題に関心のある市民の参加の下で、リスクにかかわる問題の定式化、分析、決定、評価などを総合的な協議プロセスとして実施する、リスクコミュニケーションのさらに進化した形態である。

リスクにかかわる決定で中心的な役割を果たすのが、リスクの特性分析である。従来、リスクの特性分析はリスク評価の終了後にその結果の解釈や概要記述を行う作業と考えられてきたが、リスク協議におけるリスクの特性分析はこれとはまったく異なる。

リスクの特性分析は、決定に先立ってその枠組みを左右する問題の定式化と状況の理解を行う作業であり、これこそがリスクにかかわる決定の中核である。リスクの特性分析は、潜在的な危険にさらされている状況、決定主体や問題に関心をもつ人々の利害や懸念、関連知識、決定の状況と制約などが特定さ

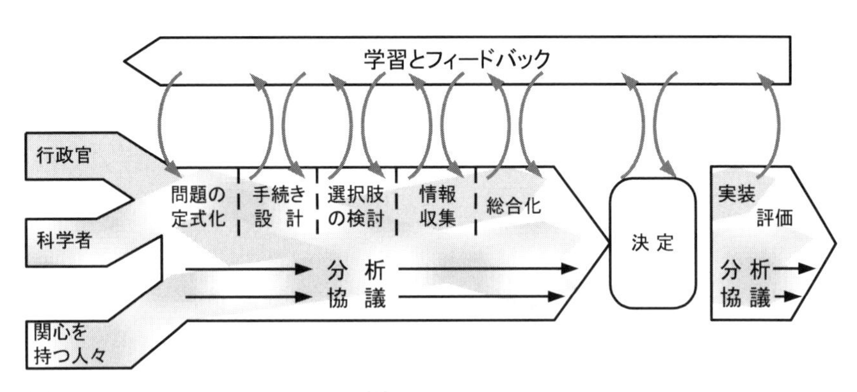

出典：National Research Council, 1996[10]

図表11.4　リスクにかかわる決定の過程

れ、問題の定式化が行われる過程である。正しい解決を得るためには正しい問題が問われなければならないが、この正しい問題を設定する作業がリスクの特性分析である。

リスクの特性分析は、分析と協議の繰返しによって実施される。分析とは、自然科学や社会科学の理論、知識、論理などを体系的に適用することによって、合理的な推論を行い、結果を得る作業である。協議とは、人々が議論、考察、説得などのコミュニケーションを通して問題に関する理解や合意を形成する作業である。リスクの特性分析において、この２つの作業は繰り返し行われ、いずれもその不可欠な相補的要素である。協議は分析のための枠組みを提供し、決定の目的にかなった分析の観点、想定、手法、基準などを規定する。

分析は協議に情報を提供し、科学的根拠にもとづいた合理的で現実的な議論が行われるようにする。分析と協議は繰り返し行われ、両者の間で相互にフィードバックが行われる。

リスクの特性分析が成功するためには、主に行政官、科学者、関心をもつ人々の三者をできるだけ初期の段階から巻き込むことが重要である。行政官と科学者に加えて関心をもつ人々を含める理由は、関連知識がもれなく決定に生かされること、市民の懸念が決定に反映されること、決定の影響を受ける可能性のある集団が決定について十分に知らされることの３点にある。関心をもつ人々は、決定の過程でどんな課題が問題にされるべきかについて意見を述べる権利がある。

このように、リスクコミュニケーションは単に送り手から受け手への一方的なリスク情報の伝達を超えて、行政、専門家、市民など、さまざまな人々の参加の下にリスクにかかわる意思決定を共同で行う、参加型意思決定に統合された過程へと進化をとげている。しかし、その実績はまだ十分ではなく、リスクにかかわる社会的決定が社会対立にまで深刻化してしまうケースが後を絶たない。今後は初期段階からリスク協議の概念にもとづくさまざまな取組みを試行し、有効な方法論を確立することが望まれる。

参考文献

第1章

［1］ 村上陽一郎：『安全学』、青土社、1998年

［2］ 吉川肇子、白戸智、藤井聡、竹村和久：「技術的安全と社会的安心」、『社会技術研究論文集』、第1巻、2003年、pp.1-8、https://www.doi.org/10.3392/sociotechnica.1.1

［3］ National Research Council, Stern, P.C., Fineberg, H.V. (Eds.), *Understanding Risk: Informing Decisions in a Democratic Society*, National Academy Press, pp. 214-216, 1996.

［4］ Hollnagel, E., "Accidents and Barriers," *Proc. European Conf. on Cognitive Science Approaches to Process Control 99*, pp.176-181, 1999.

第2章

［1］ 厚生労働省：『人口動態統計』、第7表、2020年

［2］ B.L.コーエン(著)、近藤駿介(監訳)：『私はなぜ原子力を選択するか』、ERC出版、1994年、pp.125-156

［3］ Allen, F.R., Garlick, A.R., Hayns, M.R., Taig, A.R., *The Management of Risk to Society from Potential Accidents*, Elsevier Applied Science, 1992.

［4］ U.S. Nuclear Regulatory Commission, *Reactor Safety Study: An Assessment of Accident Risks in U.S. Commercial Nuclear Power Plants*, WASH-1400 (NUREG-75/014), 1975.

［5］ M.G.スチュワート、R.E.メルシャー(著)、酒井信介(監訳)：『技術分野におけるリスクアセスメント』、森北出版、pp.212-227、2003年

［6］ U.K. Health and Safety Executive, *The tolerability of risk from nuclear power stations*, 1992.

［7］ U.S. Environmental Protection Agency, *Role of the Baseline Risk Assessment in Superfund Remedy Selection Decisions*, https://semspub.epa.gov/work/HQ/130917.pdf

［8］ 岡　敏弘：「費用効果分析」、中西準子、蒲生昌志、岸本充生、宮本健一(編)：『リスクマネジメントハンドブック』、朝倉書店、pp.378-382、2003年

［9］ 三菱総合研究所 政策工学研究部(編)：『リスクマネジメントガイド』、日本規格協会、pp.9-27、2000年

［10］ J.D.グラハム、J.B.ウィーナー(著)、菅原　努(監訳)：『リスク対リスク』、昭和堂、pp.1-41、1998年

第3章

［1］ 吉村誠一、吉村貞紀、長谷川尚子、宮北幸次、木村希一：「教訓の反映および教育訓練」、古田一雄(編著)：『ヒューマンファクター10の原則』、第3章、日科技連出版

社、2008年、p.80
[2]　小野寺勝重：『実践FMEA手法』、日科技連出版社、1998年
[3]　Hollnagel, E., *Human Reliability Analysis：Context and Control*, Academic Press, pp.201－232, 1993；古田一雄(監訳)：『認知システム工学』、海文堂、pp.195－221、1996年
[4]　Hollnagel, E., "The phenotype of erroneous actions," *Int. J. of Man－Machine Studies*, Vol. 39, pp.1－32, 1993.
[5]　Nolan, D.P., *Application of HAZOP and What－If Safety Reviews to the Petroleum, Petrochemical and Chemical Industries*, Noyes Publication, 1994.

第4章

[1]　M.G.スチュワート、R.E.メルシャー(著)、酒井信介(監訳)：『技術分野におけるリスクアセスメント』、森北出版、pp.144–189、2003年
[2]　塩見　弘：『信頼性工学入門』、丸善、1982年
[3]　小野寺勝重：『実践FTA手法』、日科技連出版社、2000年

第5章

[1]　Manuele, F., *On The Practice Of Safety*, John Wiley & Sons, pp.74–82, 1997.
[2]　Ammerman, M., *The Root Cause Analysis Handbook*, Productivity, Inc., 1998.
[3]　Leplat, J., Rasmussen, J., "Analysis of Human Errors in Industrial Incidents and Accidents for Improvement of Work Safety," *New Technology and Human Errors*, John Wiley & Sons, 1987.
[4]　Takano, K., Sawayanagi, K., Kabetani, T., "System for analyzing and evaluating human－related nuclear power plant incidents," *J. Nuclear Science and Technology*, Vol.31, pp.894－913, 1994.
[5]　吉澤由里子：「原子力発電所におけるヒューマンエラー防止活動への支援」、『安全工学』、第38巻、第6号、1999年
[6]　Air Line Pilots Association, Engineering and Air Safety, Washington, D.C., *Aircraft Accident Report*, http://www.project－tenerife.com/engels/PDF/alpa.pdf
[7]　河野龍太郎：「原子力発電所におけるヒューマンファクター」、『高圧ガス』、第34巻、第9号、pp.36－43、1997年
[8]　H.W.ハインリッヒ、D.ペーターセン、N.ルース(著)、井上威恭(監訳)：『産業災害防止論』、海文堂、pp.59－64、1987年

第6章

[1]　長崎晋也：「廃棄物環境科学―21世紀型安心の科学：モノの最終廃棄と人の共生」、中田圭一、大和裕幸(編)：『人工環境学－環境創成のための技術融合』、東京大学出版会、pp.177－218、2006年
[2]　長崎晋也：「地層中におけるコロイドの形成と移動」、足立泰久、岩田進午(編)：『土のコロイド現象』、学会出版センター、pp.251－267、2003年

［3］ 中西準子：『環境リスク論』、岩波書店、1997 年
［4］ 中西準子：「環境のリスク」、『現代科学技術と地球環境学環境リスク学』、岩波講座地球環境学 1、岩波書店、pp.115－141、1999 年
［5］ D.G. Crosby, "Enviromental Toxicology and Chemistry", *Oxford University Press*, New York, 1998, chap. 1.
［6］ Polizzotto, M. L., Kocar, B. D., Benner, S. G., Sampson, M. & Fendorf, S., "Near-surface wetland sediments as a source of arsenic release to ground water in Asia", *Nature* 454, 505-U5, 2008.
［7］ Novikov, A. et al., "Colloid transport of plutonium in the far-field of the Mayak Production Association, Russia", *Science* 314, 638–641, 2006.
［8］ Burns, E. E. & Boxall, A. B. A. , "Microplastics in the aquatic environment：Evidence for or against adverse impacts and major knowledge gaps", *Environ. Toxicol. Chem*. 37, 2776–2796, 2018.
［9］ Kim, J.-S., Lee, H.-J., Kim, S.-K. & Kim, H.-J.,"Global Pattern of Microplastics（MPs） in Commercial Food-Grade Salts：Sea Salt as an Indicator of Seawater MP Pollution", *Environ. Sci. & Techn.* 52, 12819–12828, 2018.
［10］ W. Stumm, *Aquatic Chemistry, 3rd ed.*, John Whiley & Sons, New York, 1996.
［11］ D.G. Crosby, "Enviromental Toxicology and Chemistry", *Oxford University Press*, New York, 1998, chap. 6.
［12］ Gottschalk, F., Sun, T. & Nowack, B. "Environmental concentrations of engineered nanomaterials：Review of modeling and analytical studies", *Environmental Pollution*, 181, pp.287－300, 2013.

第 7 章

［1］ de Vries A. "Paracelsus. Sixteenth-century physician-scientist-philosopher", *NY State J Med.*, 1977；77：pp.790－798.
［2］ 長﨑晋也：「廃棄物環境科学—21 世紀型安心の科学：モノの最終廃棄と人の共生」、中田圭一、大和裕幸（編）：『人工環境学—環境創成のための技術融合』、東京大学出版会、pp.177－218、2006 年
［3］ 岩田光夫：「in vivo の試験」、中西準子、蒲生昌志、岸本充生、宮本健一（編）：『環境リスクマネジメントハンドブック』、朝倉書店、pp.89－100、2003 年
［4］ 高梨啓和：「in vitro の試験」、中西準子、蒲生昌志、岸本充生、宮本健一（編）：『環境リスクマネジメントハンドブック』、朝倉書店、pp.100－111、2003 年
［5］ D.G.Crosby, Enviromental Toxicology and Chemistry, *Oxford University Press*, New York, chap. 8, 1998.
［6］ 中井里史：「人の健康影響」、中西準子、蒲生昌志、岸本充生、宮本健一（編）：『環境リスクマネジメントハンドブック』、朝倉書店、pp.17－26、2003 年
［7］ 中井里史：「疫学調査」、中西準子、蒲生昌志、岸本充生、宮本健一（編）：『環境リスクマネジメントハンドブック』、朝倉書店、pp.198－211、2003 年

第8章

［1］ U.S. Environmental Protection Agency, *Integrated Risk Information System*, https://www.epa.gov/iris/basic-information-about-integrated-risk-information-system

［2］ 中西準子：『環境リスク論』、岩波書店、1997 年

［3］ 岡　敏弘：「健康影響の指標」、中西準子、蒲生昌志、岸本充生、宮本健一（編）：『環境リスクマネジメントハンドブック』、朝倉書店、pp.253－261、2003 年

［4］ 蒲生昌志、岡敏弘、中西準子：「発がん物質への曝露がもたらす発がんリスクの損失余命による表現－生命表を用いた換算－」、『環境科学会誌』、第 9 巻、pp.1－8、1996 年

［5］ 核燃料サイクル開発機構：『わが国における高レベル放射性廃棄物地層処分の技術的信頼性－地層処分研究開発第 2 次取りまとめ－』、分冊 3、1999 年

［6］ Ahn, J., " An environmental impact measure for nuclear fuel cycle evaluation," *J. Nucl. Sci. Technol.* 41, pp.296－306, 2004.

［7］ 巌佐　庸、箱山　洋、中丸麻由子：「生物集団の絶滅リスク」、楠田哲也、巌佐　庸（編）：『生態系とシミュレーション』、第 2－2 章、朝倉書店、pp.31－45、2002 年

［8］ 宮本健一他：「第 7 章　生態リスクを測る」、中西準子、蒲生昌志、岸本充生、宮本健一（編）：『環境リスクマネジメントハンドブック』、朝倉書店、pp.269－347、2003 年

［9］ 緒方裕光：「リスク解析における不確実性」、『日本リスク研究学会誌』、19、pp.3－9、2009 年

第9章

［1］ 原子力安全委員会 ウラン加工工場臨界事故調査委員会：『ウラン加工工場臨界事故調査委員会報告』、1999年

［2］ 古田一雄、高野研一：「ヒューマンファクターとは」、古田一雄（編著）：『ヒューマンファクター10の原則』、第1章、日科技連出版社、pp.13－33、2008年

［3］ Reason, J., *Human Error*, Cambridge Univ. Press, 1990；林　喜男（監訳）：『ヒューマンエラー』、海文堂、1994年

［4］ Hollnagel, E., *Human Reliability Analysis：Context and Control*, Academic Press, 1993；古田一雄（監訳）：『認知システム工学』、海文堂、1996年

［5］ Swain, A.D., Guttmann, H.E., *Handbook of human reliability analysis with emphasis on nuclear power plant applications*, NUREG/CR－1278, 1983.

［6］ Dougherty, E.M. Jr., Fragola, J.R., *Human Reliability Analysis*, John Wiley & Sons, pp.25–37, 1982.

［7］ Beare, A.N., Crowe, D.S., Kozinsky, E.J., Barks, D.B., Haas, P.M., *Criteria for Safety－Related Nuclear－Power－Plant Operator Actions：Initial Boiling－Water－Reactor (BWR) Simulator Experiences*, NUREG/CR－2534 (ORNL/TM－8195), 1982.

［8］ Rasmussen, J., "Skills, rules, knowledge：signals, signs, and symbols and other distinctions in human performance models," *IEEE Trans. on Systems, Man, and Cybernetics (SMC)*, Vol.13, pp.257－267, 1983.

[9] U.S. Nuclear Regulatory Commission, *Technical Basis and Implementation Guidelines for A Technique for Human Event Analysis* (*ATHEANA*), NUREG-1628, 2000.
[10] 古田一雄：「違反促進情況に関する事例研究」、『原子力学会2000年春の年会予稿集』、A18、2000年
[11] 古田一雄：『プロセス認知工学』、海文堂、1998年

第10章

[1] 三菱総合研究所 政策工学研究部(編)：『リスクマネジメントガイド』、日本規格協会、pp.9-27、2000年
[2] 日本原子力学会 ヒューマン・マシン・システム研究部会：『原子力施設保守保全高度化研究調査委員会報告書』、2000年
[3] International Atomic Energy Agency, *Experience in the Use of Systematic Approach to Training for Nuclear Power Plant Personnel*, IAEA-TECDOC-1057, 1988.
[4] Reason, J., *Managing the Risks of Organizational Accidents*, Ashgate, 1997；塩見 弘(監訳)：『組織事故』、日科技連出版社、1999年
[5] International Atomic Energy Agency, *Safety Culture*, Safety Reports Series No. 75, INSAG-4, 1991.
[6] International Atomic Energy Agency, *Key Practical Issues in Strengthening Safety Culture*, Safety Reports Series No. 11, INSAG-15, IAEA-TECDOC-1329, 2002.
[7] 後藤正彦：『企業のリスク・コミュニケーション』、日本能率協会マネジメントセンター、2001年
[8] 京都大学 防災研究所(編)：『防災計画論』、防災学講座4、山海堂、2003年

第11章

[1] National Research Council, *Improving Risk Communication*, National Academy Press, 1989；林　裕造、関沢　純(監訳)：『リスクコミュニケーション』、化学工業日報社、1997年
[2] 吉川肇子：『リスク・コミュニケーション』、福村出版、1999年
[3] 岡本浩一：『リスク心理学入門』、サイエンス社、1992年
[4] Kleinhesselink, R., Rosa, E.A., "Cognitive representation of risk perception: A comparison of Japan and the United States," *J. of Cross-cultural Psychology*, Vol.22, pp.11-28, 1991.
[5] Lichtenstein, S., Slovic, P., Fishhoff, B., Layman, M., Combs, B., "Judged frequency of lethal events," *J. of Experimental Psychology: Human Learning and Memory*, Vol.4, pp.551-578, 1978.
[6] Kahneman, D., Slovic, P., Tversky, A. (Eds.), *Judgment under Uncertainty: Heuristics and Biases*, Cambridge Univ. Press, 1982.

[7] Kahneman, D., Tversky, A., "The framing of decisions and the psychology of choice," *Science*, Vol.211, pp.453-458, 1981.
[8] 藤垣裕子：『専門知と公共性』、東京大学出版会、2003年
[9] 山口節郎：『現代社会のゆらぎとリスク』、新曜社、pp.111-147、2002年
[10] National Research Council, Stern, P.C., Fineberg, H.V. (Eds.), *Understanding Risk: Informing Decisions in a Democratic Society*, National Academy Press, 1996.

索　引

【さ行】

【た行】

【な行】

【は行】

著者紹介

古田 一雄(ふるた かずお)

東京大学大学院工学系研究科教授。
1981年　東京大学工学部原子力工学科卒業
1986年　東京大学大学院工学系研究科原子力工学専攻博士課程修了、工学博士

(財)電力中央研究所研究員、東京大学工学部講師、同助教授、同大学院新領域創成科学研究科教授を経て2003年より東京大学大学院工学系研究科教授。

安全・安心な工学システムを創出するための理論構築と技術実現を目指して、ヒューマンモデリングなど認知システム工学の研究を行っている。さらに最近では、想定外の状況に遭遇しても機能を維持・回復する能力を有する技術社会システムを実現するための、レジリエンス工学の研究に取り組んでいる。

主な著書に『ヒューマンファクター10の原則』、日科技連出版社、2008年(共著)、『レジリエンス工学入門』、日科技連出版社、2017年(共著)などがある。

執筆担当：第1～5章、第9～11章

斉藤 拓巳(さいとう たくみ)

東京大学大学院工学系研究科教授。
2000年　東京大学工学部システム量子工学科卒業
2005年　東京大学工学系研究科システム量子専攻　博士課程修了 博士(工学)

東京大学大学院工学系研究科(原子力国際)専攻助教、東京大学大学院工学系研究科(原子力国際専攻)特任助教などを経て2015年、東京大学大学院工学系研究科(原子力専攻)准教授、2022年より東京大学大学院工学系研究科(原子力専攻、原子力国際専攻)教授。

地球化学、物理化学を専門として、有害元素の環境動態や放射性廃棄物処分に関する研究を行っている。特に、天然に存在する有機物と元素の反応に関する研究や福島第一原子力発電所事故で環境中に放出された放射性セシウムの環境動態に関する研究を手掛け、また、分光分析と多変量解析を組み合わせた分析手法の開発も行っている。

主な著書に『土のコロイド現象』、学会出版センター、2003 年(共著)、『新しい分散・乳化の科学と応用技術の新展開』、テクノシステム、2006 年(共著)がある。

執筆担当：第6章、第7章(7.2節、7.3節)、第8章(8.3節)

長﨑 晋也(ながさき しんや)

McMaster大学(カナダ)工学部教授。
1986年　東京大学工学部原子力工学科卒業
1988年　東京大学大学院工学系研究科修了、工学博士

四国電力株式会社入社。その後、東京大学工学部助手、同講師、東京大学大学院工学系研究科助教授、同教授などを経て、現在、McMaster大学(カナダ)工学部教授。

物理や化学、数学とともに倫理学や文明史学、国際政治学もカバーする放射性廃棄物処分学を提唱し、安全で合理的な放射性廃棄物の最終処分の実現に寄与する工学研究に従事。現在、放射性廃棄物処分学の一形態として、未来環境問題の立場から、放射性物質や化学物質による環境リスク評価における不確かさの科学の確立を目指している。

主な著書に『土のコロイド現象』、学会出版センター、2003 年(共著)、『人工環境学　環境創造のための技術融合』、東京大学出版会、2006 年(共著)、『新しい分散・乳化の科学と応用技術の新展開』、テクノシステム、2006 年(共著)がある。

執筆担当：第7章(7.1節、7.3節、7.4節)、第8章(8.1節、8.2節)

安全学入門【第2版】
安全を理解し、確保するための基礎知識と手法

2007年3月30日　第1版 第1刷発行
2019年1月28日　第1版 第7刷発行
2023年3月31日　第2版 第1刷発行

著　者　古田　一雄
　　　　斉藤　拓巳
　　　　長﨑　晋也
発行人　戸羽　節文

検印省略

発行所　株式会社 日科技連出版社
〒151-0051　東京都渋谷区千駄ヶ谷5-15-5
DSビル
電　話　出版　03-5379-1244
　　　　営業　03-5379-1238

Printed in Japan　　印刷・製本　河北印刷株式会社

ISBN978-4-8171-9773-3
URL https://www.juse-p.co.jp/